U0729169

丛书前言

　　塔河油田位于我国新疆塔里木盆地,于 1997 年被发现,经过 20 多年的开发,已建成年产原油 737×10^4 t(包括碳酸盐岩缝洞型油藏、碎屑岩油藏等)的特大型油田。塔河油田已成为我国油气增储上产的主阵地之一,是我国"稳定东部、发展西部"的重要能源战略支撑。

　　塔河油田碳酸盐岩缝洞型油藏是一类超深、以缝洞为储集体的特殊类型油藏,与常规碎屑岩油藏和裂缝型油藏有本质区别。这类油藏开发的主要特征:一是油藏埋藏深(5 000~7 000 m),具有高温高盐的特点;二是储集空间特征尺度大,且非均质性极强,储集空间既有大型溶洞,又有溶蚀孔隙和不同尺度的裂缝,其中大型洞穴是最主要的储集空间,裂缝是主要的连通通道;三是油藏流体流动符合管流-渗流耦合流动特征,常规油藏工程理论和方法适用性差;四是油藏产量递减快,与国内外类似油藏相比采收率偏低;五是以缝洞单元为开发单元,其类型多样,不同类型缝洞单元的开发模式也不同。此类油藏的描述和开发没有现成技术和管理经验可以借鉴,属于世界级开发难题。

　　中国石油化工股份有限公司西北油田分公司开发科研团队,以国家 973 计划项目"碳酸盐岩缝洞型油藏开采机理及提高采收率基础研究"以及"十二五""十三五"国家科技重大专项"塔里木盆地大型碳酸盐岩油气田开发示范工程""塔里木盆地碳酸盐岩油气田提高采收率关键技术示范工程"等为依托,历时十余年创建了断溶体油藏开发理论与技术,实现了缝洞型油藏描述与开发技术的重大突破,为塔河油田的科学、高效开发提供了理论依据和技术支撑。在上述科学研究、技术开发和生产实践所获得的科技成果的基础上,科研团队凝练提升并精心撰写了"碳酸盐岩缝洞型油藏描述及开发技术丛书"。

　　该丛书共十卷,既有理论创新,又有实用技术。其中,卷一、卷二分别介绍了塔里木盆地古生界碳酸盐岩断溶体油藏认识及开发实践、碳酸盐岩古河道岩溶型缝洞结构表征技术；卷三、卷四、卷五分别介绍了碳酸盐岩缝洞型油藏试井解释方法研究与应用、高产井预警技术与现场实践、油藏连通性分析与评价技术；卷六、卷七、卷八、卷九分别介绍了碳酸盐岩缝洞型油藏开发实验物理模拟技术、改善水驱开发技术、能量变化曲线特征与应用、单井注氮气提高采收率技术；卷十介绍了碳酸盐岩缝洞型油藏实用油藏工程新方法。

上述成果集中体现了该领域理论研究和技术开发的现状、研究前沿和发展趋势，推动了塔河油田的科学高效开发，填补了缝洞型油藏开发相关领域的空白，为保障国家能源安全、拓展海外资源领域提供了重要技术支撑。

随着国内外海相碳酸盐岩油气勘探的深入发展，越来越多的碳酸盐岩缝洞型油气藏将不断被发现并投入开发。希望该丛书的出版能够促进碳酸盐岩缝洞型油气藏勘探开发的科技进步和高效生产。

碳酸盐岩缝洞型油藏描述及
开发技术丛书 | 卷七

碳酸盐岩缝洞型油藏
改善水驱开发技术

胡文革　闫长辉　刘洪光　李　青　等著

中国石油大学出版社
CHINA UNIVERSITY OF PETROLEUM PRESS

山东·青岛

图书在版编目(CIP)数据

碳酸盐岩缝洞型油藏改善水驱开发技术 / 胡文革等
著. --青岛：中国石油大学出版社,2021.10
（碳酸盐岩缝洞型油藏描述及开发技术丛书；卷七）
ISBN 978-7-5636-6953-0

Ⅰ．①碳… Ⅱ．①胡… Ⅲ．①碳酸盐岩油气藏－水压
驱动 Ⅳ．①TE341

中国版本图书馆 CIP 数据核字(2020)第 241898 号

书　　名：碳酸盐岩缝洞型油藏改善水驱开发技术
　　　　　TANSUANYANYAN FENGDONGXING YOUCANG GAISHAN SHUIQU KAIFA JISHU
著　　者：胡文革　闫长辉　刘洪光　李　青　等
责任编辑：秦晓霞（电话　0532-86983567）
封面设计：悟本设计　张　洋
出 版 者：中国石油大学出版社
　　　　　（地址：山东省青岛市黄岛区长江西路 66 号　邮编：266580）
网　　址：http://cbs.upc.edu.cn
电子邮箱：shiyoujiaoyu@126.com
排 版 者：青岛天舒常青文化传媒有限公司
印 刷 者：青岛北琪精密制造有限公司
发 行 者：中国石油大学出版社（电话　0532-86981531，86983437）
开　　本：787 mm×1 092 mm　1/16
印　　张：10.5
字　　数：256 千字
版 印 次：2021 年 10 月第 1 版　2021 年 10 月第 1 次印刷
书　　号：ISBN 978-7-5636-6953-0
定　　价：105.00 元

前　言

　　碳酸盐岩缝洞型油藏具有复杂的地质条件,受构造作用和多期古岩溶作用,岩溶发育范围差异性大,岩溶洞穴系统和岩溶缝洞系统十分发育,储集空间分布及油水关系复杂。缝洞型油藏储集空间以构造变形产生的构造裂缝与溶蚀缝、孔、洞为主,其中大型洞穴是主要的储集空间,裂缝是主要的连通通道。油藏内各缝洞储集体之间具有较强的分隔性,不同类型的储集体在油藏内差异分布,形了连通程度各异的缝洞单元,各缝洞单元具有不同的压力系统及油水界面。

　　碳酸盐岩缝洞型油藏具有埋藏深的特点,通过地球物理手段识别储集体的精度较低,认识缝洞内部结构、连通方式及连通程度存在较大难度。同时该类油藏能量下降快,采收率低是该类油藏开发面临的主要问题。在碳酸盐岩缝洞型油藏开发过程中,对于单井缝洞单元,油井产量递减一般较快,递减率可达到20%～30%,采收率一般较低,只有3%～5%。对于规模不等、开发特征各异的多井缝洞单元,油井一旦见水,产量递减加快,容易发生暴性水淹,使油田采收率普遍较低。碳酸盐岩缝洞型油藏弹性驱动采收率在8%～14%之间,平均只有11.7%,采收率低,需要通过注水开发提高采收率。

　　不同于常规砂岩油藏,在以缝洞为主的碳酸盐岩缝洞型油藏储集体中,既有弹性驱动开采的孤立溶洞,也有弹性和底水驱动开采的规模较大溶洞,给流体流动机理的认识带来较大困难,大洞、大缝中以管流为主,小尺度孔缝具有渗流特征。在水驱开发阶段,地层能量减弱、油水界面上升、油水分布发生变化、缝洞动态连通性改变等都会造成产能下降、含水率上升等问题,需要通过针对性的注采井网部署及优化、水驱技术政策调整等手段有效保持地层压力,防止水窜,提高产油量,延长稳产期,通过扩大水驱波及范围有效提高采收率。在近几年的注水开发实践和理论研究中,碳酸盐岩缝洞型油藏的注水开发技术不完善、不系统,制约了油田注水开发的全面发展。塔河油田碳酸盐岩缝洞型油藏在部分单井缝洞单元以及多井缝洞单元的注采井组进行了水驱试验和开采实践,取得了良好效果,水驱开发已成为该类油藏提高采收率的一项主导技术。单元注水开发历程可划分为两个阶段。第一个阶段:2005—2009年,为多井单元注水试验阶段。在塔河油田东部主体区(二区、四区、六区、七区、八区)选取低部位低效井进行单元注水试验,逐步摸索出"低注高采、缝注洞采"的注水开发经验。第二个阶段:2010—2015年,为注水规模扩大及精细注水阶段。塔河油田东部主体区多井单元经过前5年的注水开发,开始呈现出注水增油效果变差的趋势。针对这种形势,推动了不同缝洞结构类型多井单元注水开发机理、注水技术政策及注水效果评价方法研究,并进行了注采调整。调整后的老区水驱效果逐步得到改善。后逐步将注水范围拓展到西北稠油区(十区、十二区)的多井单元,实现了多井单元注水增油的相对稳定。

塔河油田在认识碳酸盐岩缝洞型油藏水驱机理的基础上,充分考虑油藏地质特征进行注水部署,分析提炼出不同地层条件、储层特征、油水分布下的改善水驱措施。通过大量的理论研究和开发实践,形成相应注水开发模式和多套改善水驱开发技术,在开发实践中取得积极成效,有效解决了同类油藏的注水开发难题。本书总结了塔河油田碳酸盐岩缝洞型油藏多年来在水驱开发领域的丰富经验,形成的碳酸盐岩缝洞型油藏高压注水技术、非对称不稳定注水技术、调流体势技术和调流道技术等对该类油藏合理改善水驱效果、有效提高驱油效率有着重要作用,对提高碳酸盐岩缝洞型油藏油水流动机理认识、实现注采井网构建与优化、制定注水技术政策等有着重要指导意义。

本书汇集中国石油化工股份有限公司西北油田分公司多年的研究与实践认识成果,其中第1章由胡文革、闫长辉撰写,第2章由刘洪光、闫长辉撰写,第3章由李青、李小波撰写,第4章由胡文革、李青撰写,第5章由钱真、刘洪光、何雨峰撰写,第6章由邓鹏、谭涛撰写。全书由胡文革、闫长辉、刘洪光、李青统稿并定稿。另外,田园媛、袁飞宇、汪彦、孙致学、张世亮、李涛、田亮、葛善良、陈勇、魏学刚、陈园园、张艺晓等参与了部分内容的修编。本书在撰写过程中,得到了中国石油化工股份有限公司西北油田分公司领导与专家以及西南石油大学、成都理工大学、中国石油大学(华东)等的大力支持,同时参阅和引用了大量的前人研究成果,在此一并表示衷心的感谢!

由于塔河油田缝洞型油藏注水开发时间较短,改善水驱开发技术还处在不断发展完善中,加之作者水平有限,错误之处在所难免,敬请广大读者批评指正!

目　录

第 1 章
碳酸盐岩缝洞型油藏改善水驱开发技术理论基础

　　碳酸盐岩缝洞型油藏在开发初期,利用地层天然能量进行衰竭式开采,在中后期开发阶段,针对地层能量下降、含水率上升、产量下降等问题,油藏将采用水驱开发。对碳酸盐岩缝洞型油藏水驱机理的认识有助于水驱开发阶段的注水开发技术政策制定和改善水驱技术政策调整。碳酸盐岩缝洞型油藏非均质性强,缝洞结构复杂,对其水驱机理的认识是一个随着开发历程而不断完善的过程,基于流体流态和生产特征,揭示油藏内部流体流动机理,通过物模和数模手段进行水驱开发效果的综合分析,进一步增进对驱替规律的认识。本章总结了前人在碳酸盐岩缝洞型油藏的水驱开发研究及得出的驱替规律认识,并根据塔河油田开发实践,通过物理模型建立和相关实验,综合分析了碳酸盐岩缝洞型油藏驱替规律,总结了单井注水替油机理和单元水驱机理,同时通过对比砂岩油藏分析了碳酸盐岩缝洞型油藏水驱开发特点,对水驱影响因素的判定和水驱波及效率的标定有着重要意义,对解决碳酸盐岩缝洞型油藏水驱开发的现场问题及制定改善水驱波及效果的技术政策起着关键作用。

1.1　缝洞型油藏水驱开发特点

1) 油藏储集空间及油水分布特征

　　碳酸盐岩缝洞型油藏储集空间(图 1-1)类型多样,孔、洞、缝发育。孔是指储集体中多数只能在显微镜下观察到、受岩石结构控制的细小孔隙,一般是微米至毫米级;洞是肉眼可见的、大小不一、直径大于 2 mm 的连通性溶蚀孔隙;缝即构造及溶蚀作用下形成的具有一定开度和倾角的裂缝。碳酸盐岩缝洞型油藏储集空间最为典型的特征是大量发育溶洞、溶孔、溶缝或裂缝等,构成了尺度差异大、规模巨大的特殊储集体,基岩基本不具有储渗能力,而溶洞及流动通道的尺度可以达到米级以上,裂缝、溶洞是塔河油田碳酸盐岩缝洞型油藏的主要储集空间,根据缝洞组合特征可将储集空间分为溶洞型、裂缝-溶洞型、裂缝型等。受岩溶作用的不同,储集体分布差异大,主要包括网状分布的风化壳型、管状分布的暗河型以及板状分布的断控岩溶型储集体(图 1-2)。

　　而在砂岩油藏中,储集空间(图 1-3)一般由孔和缝组成,其大小、形状有较好的一致性,在均匀的砂体内排布。储集空间以储集层的形式存在,呈层状均匀分布,连续性好,有着很强的均质性(图 1-4)。

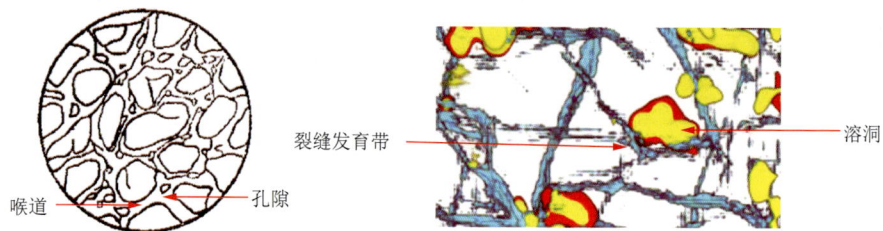

图 1-1 碳酸盐岩缝洞型油藏储集空间

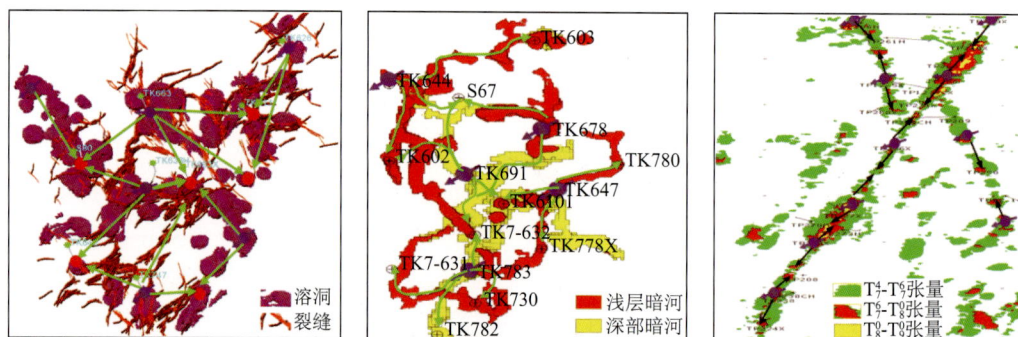

图 1-2 碳酸盐岩缝洞型油藏储层分布

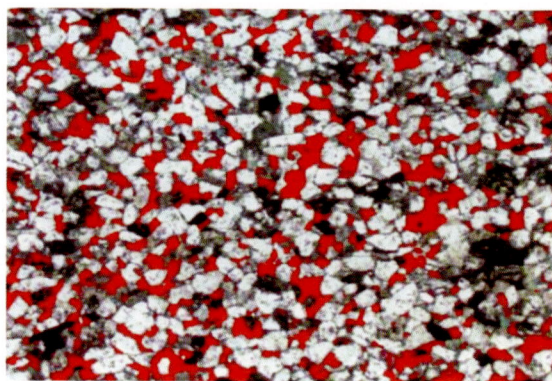

图 1-3 砂岩油藏储集空间

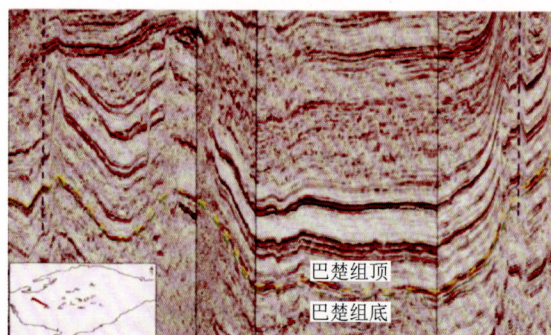

图 1-4 砂岩油藏储层分布

　　碳酸盐岩缝洞型油藏非均质性强,缝洞组合复杂多样,不同于砂岩油藏的边底水分布模式(图 1-5),碳酸盐岩缝洞型油藏油水分布复杂,水体能量分布不均(图 1-6)。

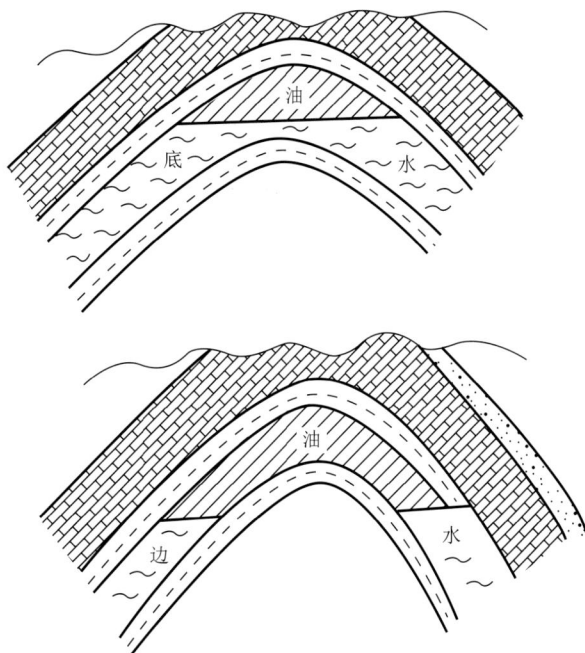

图 1-5　砂岩油藏流体分布模式图

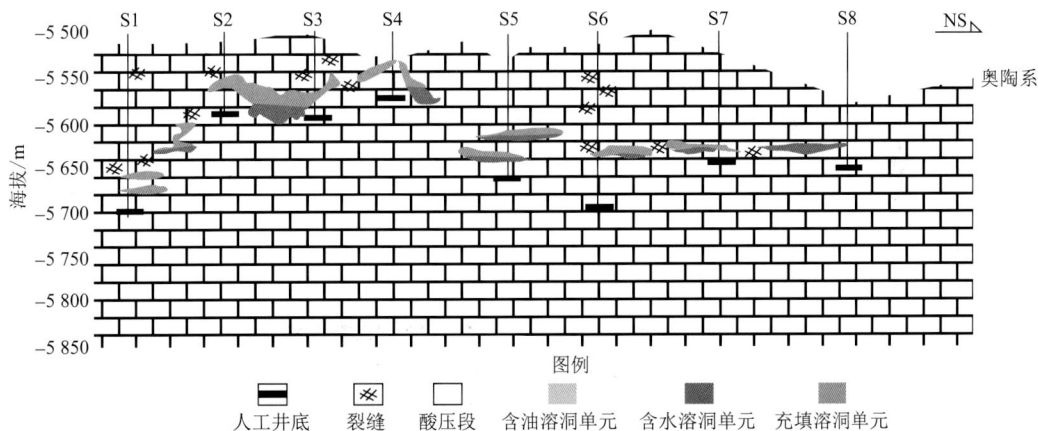

图 1-6　碳酸盐岩缝洞型油藏流体分布模式图

　　因此,碳酸盐岩缝洞型油藏的水驱特征和砂岩油藏有较大差别,常规砂岩油藏采用的注水开发技术不完全适用于碳酸盐岩缝洞型油藏。

　　2) 油藏水驱特征

　　由于储集空间存在差异,碳酸盐岩缝洞型油藏与砂岩油藏的油水流动机理存在较大差异,对比情况见表 1-1。

表 1-1　砂岩油藏与碳酸盐岩缝洞型油藏油水流动机理对比表

油藏类型		砂岩油藏	碳酸盐岩缝洞型油藏
流动介质		储集空间尺度相对均匀,单重、双重介质,分布连续	储集空间几何形态差异大、尺度变化大,多重介质,分布离散
地质模型简化			
流动方程		$q = \dfrac{AK\Delta p}{\mu \Delta L}$ $\Delta p = \dfrac{\mu}{K}\dfrac{q}{A}\Delta L$	$q = \dfrac{\pi r^2 \Delta p}{8\mu \Delta L}$ $\Delta p = \dfrac{1}{r^4}\dfrac{8\mu}{\pi}q\Delta L$
油水流动机理	力学特征	渗流(达西流)	渗流(达西流,用达西方程描述)+管流(自由流,用 N-S 方程描述)的耦合
	油水相渗曲线	受孔隙结构和油水关系影响,其油水相渗曲线由 2 条曲线组成	对于大尺度的溶洞、裂缝,由于毛管力近似为 0,其油水相渗曲线近似由 2 条直线相交组成;对于微小裂缝、溶孔,其油水相渗曲线仍由 2 条曲线组成
	水驱曲线	油水相渗关系很容易达到稳定,一般在含水率 40% 后出现具有代表性的直线段	油水流动不容易达到稳定,油水关系变化复杂,极易受到各种因素的影响,没有稳定直线段出现

注:q—流量;A—截面积;K—渗透率;Δp—压差;μ—黏度;ΔL—长度;r—半径。

可见,碳酸盐岩缝洞型油藏油水流动机理和常规砂岩油藏有很大区别,其储层流体具有特殊的渗流规律。砂岩油藏的油水相渗曲线及井附近的底水形态如图 1-7 所示。该类油藏的油水相渗曲线为平滑曲线,存在束缚水饱和度与残余油饱和度,驱油效率 $E_d <$ 100%,因此注水的作用主要体现为驱油作用和洗油作用。从底水形态可以看出,底水的垂向波及范围太小,因此通过注水扩大横向波及才能提高采收率。

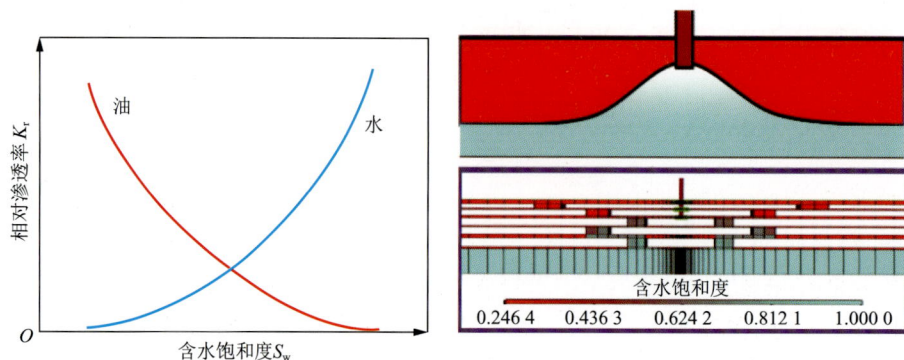

图 1-7　砂岩油藏油水相渗曲线及底水形态

对于储集空间几何形态差异大、尺度变化大的碳酸盐岩缝洞型油藏,其油水流动主要是渗流和管流的耦合流动,以管流为主,特别是在大型洞穴、大裂缝内的流体流动不属于渗流动力学范畴,属于 Navier-Storks 流动,流动中会出现紊流、射流等特殊流动。溶孔与小型裂缝虽然属于渗流,但由于裂缝的存在,会出现流速差异大的双重介质流动,缝洞型油藏中流体流动同时存在渗流、管流、射流和空腔流等多种流动,流动机理涉及达西流、低速非达西流、高速非达西流、紊流、扩散等。碳酸盐岩缝洞型油藏与砂岩油藏相比流体流动特征多样,流动规律十分复杂,碳酸盐岩缝洞型油藏水驱开发过程中应充分考虑各种流动方式的影响,避免能量过度损耗或沿优势通道快速水窜。以管流为主的油水相渗曲线及井附近的底水形态如图 1-8 所示。该类油藏的油水相渗曲线为直线,不存在束缚水饱和度与残余油饱和度,$E_d = 100\%$,注水的作用主要体现为横、纵向驱油作用。从底水形态可以看出,注水能波及的范围取决于油井所在位置,因此对于大尺度缝、洞的碳酸盐岩缝洞型油藏,通过注水扩大波及范围是提高采收率的关键。

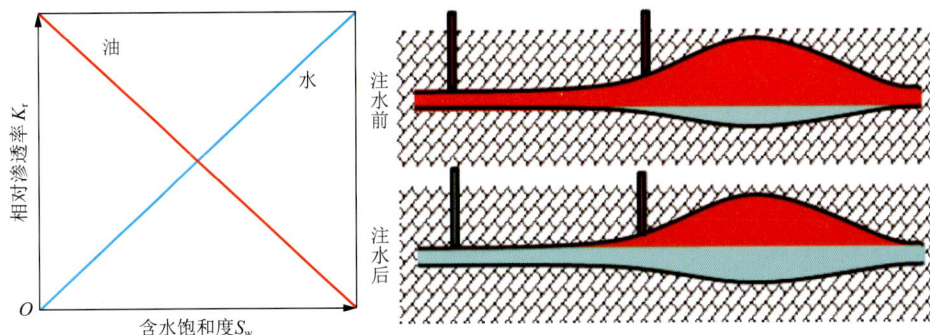

图 1-8　碳酸盐岩缝洞型油藏油水相渗曲线及底水形态

此外,相对于常规砂岩油藏,碳酸盐岩缝洞型油藏的水驱开发具有"见效快、失效快"的特点。碳酸盐岩缝洞型油藏中油水重力分异作用更加明显,另外,流体在大尺度缝、洞中以管流为主,水驱油过程中的流动阻力较小,注入水后增油效果较快。但是碳酸盐岩缝洞型油藏中容易发生水窜或者底水锥进,导致见水过快,水驱过程中会形成优势通道,从而抑制剩余油动用,同时地层压力下降,生产压差较小,还可能导致裂缝闭合,缝洞连通性变差,使得注水失效加快,此时需要采取相应的措施来改善水驱效果。如图 1-9 所示,T820(K)井的每一次注水和停注都使得 TK850 井日产液量迅速上升和下降,分析可知日产液量下降的原因是地层压力下降,需要不断注入水补充地层能量。以 T820(K)—TK850 注采井组2015 年 9 月两轮注水为例,该月第一轮注水后,日产液量快速上升,停注后,日产液量迅速下降;该月第二轮注水后,日产液量迅速回升,停注后,日产液量再次迅速下降。同时,该井组通过不断改变注水周期和注采强度来有效动用剩余油,防止注水失效。

总的来说,碳酸盐岩缝洞型油藏无法像砂岩油藏一样建立同样的注采关系,实施同样的注水开采方式。砂岩油藏一般采用一注一采、一注多采或者多注一采、多注多采的方式,有多口注水井和采油井时,注水井和采油井一般都有一定的排列方式,呈现出排列较为规则的注采井网,因此在砂岩油藏的水驱过程中,油水界面一般是均匀推进的。砂岩油藏一般采用连续注水的方式,由于储层中孔缝大小、形状差异不大,连续性较强,通常受效较快且明显,一般通过注水横向驱动、控制注水速度等防止水窜,充分驱油,提高采收率。砂岩油藏有较为明显的分层,当多层共同开采时,注入的水会优先驱动流势低的地层,而此时流势高的地层中的油会驱进流势低的地层,此时需要调剖封堵。而碳酸盐岩缝洞型油藏非均

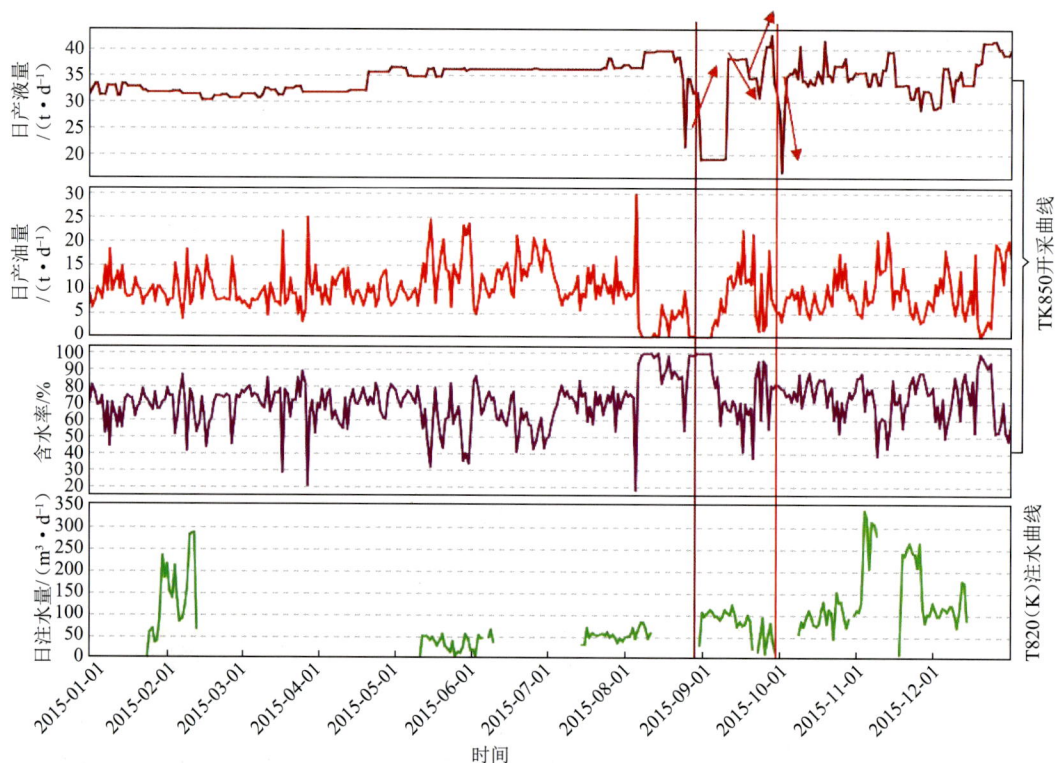

图 1-9　T820(K)—TK850 注采井组生产曲线图

质性强,缝洞结构多样,油水分布复杂,水驱油的过程会随着储集空间的不同有较大差异,难以形成均匀推进的油水界面,水驱效果差异性较大,由于缝洞发育的差异性变化,容易发生水窜,在地层能量较强时也容易发生水锥,影响注水效果。水驱同样可以起到抑制底水锥进的作用。在碳酸盐岩缝洞型油藏的水驱开发过程中,应加深对储集体发育特征的认识,针对油藏开发面临的实际问题,实施有针对性的注水开发技术政策。

1.2　缝洞型油藏水驱机理

改善水驱的目的是提高采收率,随着碳酸盐岩缝洞型油藏注水规模的不断扩大,必须从理论上深入研究该类油藏水驱机理。基于碳酸盐岩缝洞型油藏的实际生产特征,国内外学者从物理模型研究和数值模拟研究两个方面对碳酸盐岩缝洞型油藏渗流规律和水驱开发特征做了大量研究。

物理模型研究的主要工作有制作合适的缝洞型油藏物理模型,进行流动实验,研究其流动形态、流动规律、流动模式等。它是建立在相似理论基础上,人为地创造一个环境,通过严格程序对油藏开发过程进行模拟的实验技术。构建物理模型是油藏物理模拟实验的核心,合适的物理模型是准确进行储层表征、油藏工程和开发试验研究的前提和基础。通过对国内外各类模型制作方法分析,结合缝洞型油藏钻井和实际井组的缝洞识别技术进行物理模型的设计与制作。根据选取的物理模型不同,可以将其分为真实岩芯实验和可视化仿真模拟实验。真实岩芯实验是采用真实的油藏岩芯作为样品进行渗流实验研究,这样的研究可以最大限度地反映真实岩芯的内部结构特征,使实验更好地模拟油藏中的流体流动。可视化仿真模拟实验采用透明材料制成仿真模型,模拟油藏储层特征。这种实验模型可以对驱替过程进行直观的观察、拍照、录像,通过图像处理及压力恢复曲线进行试井分析,分析裂缝、孔隙、喉道对渗流的影响。例如,2002 年 E. R. Rangel-German 和 A. R. Kovscek 通过 CT 扫描研究了三维缝洞模型中毛细管力、注水速度及不同的裂缝开度对注水效果的影响,确定了两种不同的裂缝流动状态——充填型裂缝和瞬间充填型裂缝,最后建立了水驱气(油)过程中基质裂缝作用机理的新数学模型,较好地再现了基质内的含水饱和度模式,即充填型裂缝状态下采收率随时间呈线性变化以及湿润裂缝采收率随时间平方根的增长,在瞬间充填型裂缝的极限下简化为著名的自吸性能时间平方根模型。2006 年刘学利等根据渗流力学基础理论,建立裂缝-溶洞型双重介质数学模型,并推导了裂缝-基质型双重介质与裂缝-溶洞型双重介质等效数学模型表达式,认为生产井含水变化率曲线有可能因油水两相流动而呈现阶梯状变化。2009 年郑小敏等制作了两组真实缝洞单元岩芯模型——溶洞型真实岩芯模型和缝洞型网络真实岩芯模型,同时把这两组模型的驱替情况进行了对比,认为溶洞型真实岩芯模型的流体流动近似于活塞式流动,缝洞型网络真实岩芯模型的水驱油过程近似于渗流。2009 年刘鹏飞等依据单井注水替油实验装置,得出多轮注水前三轮最佳的结论。2009 年程倩等通过高压容器模拟了溶洞中的弹性开采规律,研究表明,溶洞中的压力和产量呈指数关系变化。2009 年王殿生等依据相似准则原理,用大理石材料制作了缝洞结构模型,模型为弱亲油,并进行了两相流动实验,研究了不同裂缝密度、裂缝开度、裂缝网络、洞密度、洞径、洞隙度等模型的水驱油规律和相渗规律。2010 年卢占国、姚军等利用正交裂缝网络模型进行了两相流实验,研究表明:裂缝与流动方向相同,模型的含水上升越快,注采压差越低,采收率越低,裂缝网络水驱油的主要动力源于重力与水驱压力梯度。2011 年王雷等通过可视化物理模型研究了注入方式、注入流体、井网等对注水开发效果的影响,研究表明,缝洞结构影响水驱后的效果,剩余油主要以阁楼油的形式存在。2012 年丁观世等依据相似准则,根据实际油藏地层条件,利用天然露头岩芯制作了可视化裂缝溶洞模型和裂缝网络模型,研究了不同底水强度下模型的油水流动规律,包括含水率、采收率和剩余油分布等。结果表明,裂缝溶洞的无水采油期较长,在油井见水后,含水率上升慢。2014 年荣元帅等从油藏实际出发,提出了缝洞型油藏七大类、13 亚类剩余油分布模式,井间剩余油有三大类、8 亚类,中间剩余油有四大类、5 亚类,并结合实践,针对不同的分布模式提出了相应的挖潜措施,为同类剩余油的开发提供了方法借鉴。2014 年彭松等采用碳酸盐岩露头,人为加工制作了全尺寸的缝洞岩芯,并在原始地层条件下研究了注采位置、缝洞组合方式及缝洞填充情况对采收率的影响。

　　数值模拟的主要工作是根据碳酸盐岩缝洞型油藏特征,建立合适的单相流、两相流数学模型,并探索模型求解方法,以应用到实际油藏开发中。研究手段和研究水平随着认识的深入而不断进步。总体发展的趋势是从裂缝型油藏到缝洞型油藏,从油藏内单相流动到多相流动。碳酸盐岩缝洞型油藏渗流理论通常有两种,一种是以多孔介质的连续性假说为基础的连续介质模型,这种理论将缝洞型油藏储层视为连续变化的多孔介质,建立连续性方程,并根据介质内流体流动规律建立渗流数学模型;一种是以缝洞型油藏储层为离散介质的离散介质模型,这种理论认为,缝洞型油藏的裂缝、溶洞在空间上分布高度离散,不能处理为连续介质,应该对每一种介质进行单独处理,然后建立耦合方程,并且认为裂缝、溶洞内的流动不一定符合达西定律,需要根据具体情况判断。1984 年 Aanda 和 Wilmer 等建立了流体既在基质中流动又在裂缝中流动的油藏数值模型,并使用该模型模拟了裂缝系统和基质中的压力变化,结果表明流体在基质和裂缝中的流动有必要使用独立的审流模型。1998 年,Dauba 等首先使用 FLUENT 模拟出缝洞型油藏岩芯内流体的流动规律,并确定出岩芯的三维渗透率,然后根据 2D 探针获得的不同渗透率设计了水驱实验,得到了缝洞型油藏岩芯的相渗曲线以及单一的孔洞结构对各方向上渗透率的影响。2001 年,Foura 和 Lenonnand 等建立了一种用于模拟裂缝和基质内高速两相流的模型,结果表明渗透率和该区域内的雷诺数密切相关,并且与任意流速相对应的相对渗透率都可通过黏滞流动区的相对渗透率得到。2004 年,彭小龙等建立了考虑裂缝的渗流模型,把裂缝分为微小裂缝和大裂缝,将微小裂缝和基质当作普通的双重连续介质,大裂缝作为非连续介质处理。建立数值模型时,针对双重连续介质和大裂缝介质建立了两套网格系统,应用数值模型能够描述大裂缝底水气藏的见水早、含水率上升快的开发特征,能够从数值实验的角度来描述有大裂缝的底水气藏的渗流规律。2014 年,康志江等研制了适合缝洞型油藏的数模软件,该软件考虑了溶洞、裂缝和渗流三者之间的耦合,最后通过有限体积法和自适应方法求解,结果表明该软件能准确模拟出不同剩余油的分布类型和分布位置,这对剩余油挖潜具有很大的实用价值。2016 年,李刚柱依据相似准则设计了系列化的复杂缝洞网络模型,将现场注采参数转化为室内物理模拟实验参数,研究了不同充填类型和充填程度下缝洞介质(不同缝洞组合)内水驱油机理,并针对典型缝洞单元,开展了数值模拟实验研究,结合物理模拟实验结果,验证并完善了数值模拟实验方法,通过无因次开采准数定量分析了开采过程中的力学机制,揭示缝洞型油藏注水开发机理及影响因素,为科学注水开发碳酸盐岩缝洞型油藏提供了理论支持。2016 年,杨强基于相似原理建立了缝洞型油藏注水开发的相似准则。他通过相似准则和地震资料设计并制作了塔河六、七区注水开发物理模型,利用物理模拟和数值模拟对塔河六~七区油藏注水开发规律进行了研究,对塔河缝洞型油藏的科学开发作了指导,为塔河六~七区缝洞油藏注水开发提供了理论支撑。2017 年,杨文东将缝洞型油藏分为渗流区域和管流区域,认为渗流区域与管流区域之间存在交界面,流体在交界面附近的流动状态属渗流和管流的耦合流动,或属过渡流,但耦合界面复杂,难以描述,他建立了基于新耦合方法的缝洞型油藏数学模型,并完成了程序编制和实例验证。

1.2.1　单井注水替油机理

　　碳酸盐岩缝洞型油藏储集空间非均质性强,油水关系复杂,储集体受构造变形和岩溶作用共同影响,储集体类型及其空间分布规律比较复杂,开发难度大。钻遇缝洞体的油井生产初期产能较高,储集体与外部基本不连通,开发中得不到有效能量补给,短时间内产量递减快。针对特殊的地质条件,提出缝洞单元定容体油井单井注水替油技术。储集体定容封闭性好的井注水起压快,适合作为注水替油的候选井。单井注水替油主要通过以下三个机理实现油井的高效生产。

　　(1)补充地层能量。
　　(2)利用油水密度差进行重力分异,实现油水置换。

（3）抑制底水锥进。

单井注水替油主要由注水、关井、采油三个阶段形成一个吞吐周期。在注水阶段,油井依靠天然能量开采后,地层压力大幅度下降,油井供液严重不足,必须注水以提高地层压力。随着注水量的增加,地层中流体饱和度重新分布,总趋势表现为随地层压力的升高,大部分地层含油饱和度逐渐下降,井底附近下降幅度最大,地层边界附近稍有上升,这是由于注水对原油具有驱替作用。向一个有一定容积的溶洞内注水,重力分异作用使油水发生置换,注入水下沉至溶洞下部而形成次生底水,油水界面上移,溶洞内压力上升,举升原油向井筒运移并抬升到地面,由于注入水大部分聚集在井底附近,所以开采初期含水率较高,随开采时间延长逐渐下降,然后缓慢上升,日产油量呈现出先上升再逐渐递减的趋势,表明地层深处的油向井底流动。通过分析注水替油的吞吐周期,可以发现焖井时间的长短对注水效果有很大的影响,因此在制定注水替油技术政策时需重点研究焖井的时间,以促进油田高效开发。

在井底高温、高压条件下,注入水相对于地下原油为刚性,原油被压缩的体积 ΔV 即注入水的体积 V_{wi},如图 1-10 所示,即

$$\Delta V = V_0 - V_1 = V_{wi} \tag{1-1}$$

式中　ΔV——原油被压缩减小的体积,m^3;

　　　V_{wi}——注入水的体积,m^3;

　　　V_0——原始原油体积,m^3;

　　　V_1——压缩后原油体积,m^3。

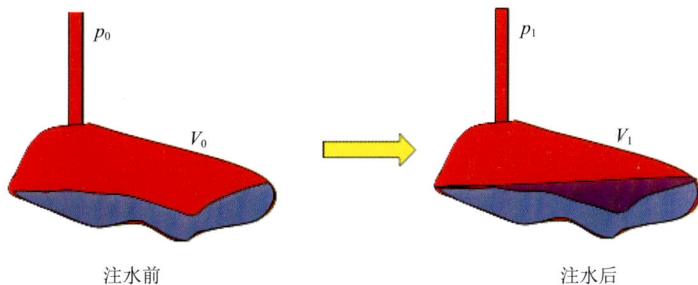

图 1-10　注水替油过程示意图

原油压缩系数定义为单位体积地层原油在压力改变 1 MPa 时的体积变化率,即

$$C_o = 1 \times \frac{\Delta V}{\Delta p \times V_0} = 1 \times \frac{V_{wi}}{\Delta p \times V_0} \tag{1-2}$$

式中　C_o——原油压缩系数,MPa^{-1};

　　　Δp——地层(井口)压力变化量,MPa。

在注水过程中忽略摩阻影响,以井口压力变化近似代替井底压力变化,即

$$\Delta p = p_1 - p_0 \tag{1-3}$$

式中　p_1——井口压力,MPa;

　　　p_0——注水前井口压力,MPa。

由以上三式可得:

$$p_1 = \frac{1}{C_o V_0} \times V_{wi} + p_0 \tag{1-4}$$

式(1-4)中 C_0 为与温度和压力有关的常数，V_0 表征原始储集体储量大小。在不考虑地层岩石压缩系数的情况下，对于定容特征的缝洞储集体，井口压力 p_1 与注水量 V_{wi} 呈线性关系。由此可见，在注水替油开发过程中，注入水可有效补充地层能量，地层压力升高，通过合理焖井，可有效提高油井供液能力，提高采收率。

一般考虑对定容特征明显的体积较大的溶洞型储集体进行注水替油，影响单井注水替油效果的主要因素有注水时机、周期内的累积注水量、注水速度以及注入压力。

1）注水时机

碳酸盐岩缝洞型油藏储集体类型以溶洞型、裂缝型储层为主，裂缝是主要流动通道。裂缝形态以高角度的斜缝为主，受垂向上主应力影响较大，对于岩石的压实效应敏感程度较高。从裂缝渗透率与岩石净应力的关系曲线（图1-11）可以看出，随着净应力增大，裂缝渗透率急剧下降并出现明显的拐点，当油藏压力低于裂缝闭合临界流体压力时，裂缝将发生不可逆的损伤，形成塑性闭合。通过计算，裂缝闭合临界流体压力范围为 $37.87\sim42$ MPa，对应液面为 $2\,746\sim3\,051$ m。基于以上认识，笔者提出了提前注水保压开发思路，实施后某油田区块地层压力上升至 42 MPa，能量保持程度达到了 62%，开发效果明显改善。

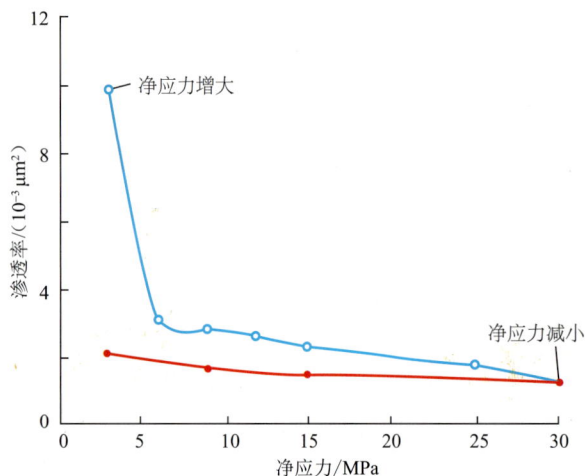

图 1-11　裂缝渗透率与岩石净应力的关系曲线

如图1-12所示，裂缝闭合临界流体压力计算方法及公式如下。

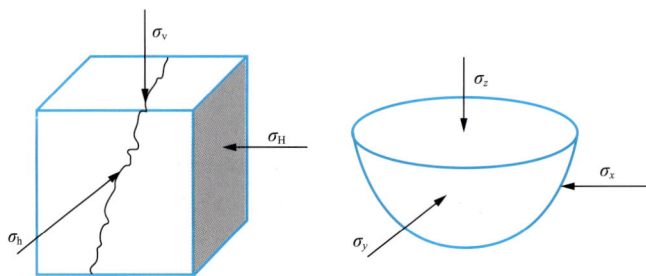

图 1-12　裂缝受力模拟图

裂缝面有效正应力：

$$\sigma_{ne} = \sigma_v\cos\alpha + (\sigma_H\sin\beta + \sigma_h\cos\beta)\sin\alpha - p_p \tag{1-5}$$

式中　σ_{ne}——作用在裂缝表面的有效正应力,MPa;

　　　σ_v——垂向应力,MPa;

　　　σ_H,σ_h——最大、最小水平主应力,MPa;

　　　α——裂缝倾角,(°);

　　　β——裂缝走向与最大水平主应力的夹角,(°);

　　　p_p——裂缝内流体的压力,MPa。

假设裂缝闭合过程中相邻微凸体间无相互作用力,微凸体具各向同性,有:

$$\sigma_x = \sigma_y = \frac{\mu}{1-\mu}\sigma_z \tag{1-6}$$

式中　μ——泊松比;

　　　σ_x——微凸体在三维坐标系下 x 方向的有效应力,MPa;

　　　σ_y——微凸体在三维坐标系下 y 方向的有效应力,MPa;

　　　σ_z——微凸体在三维坐标系下 z 方向的有效应力,MPa。

假设裂缝微凸体屈服极限为 σ_s,即 $\sigma_z = \sigma_{ne} = \sigma_s$,则 Drucker-Prager 屈服破坏准则可表示为:

$$F(\sigma) = mI_1 + \frac{\sqrt{3}}{3}\left|\sigma_{ne} - \frac{\mu}{1-\mu}\sigma_{ne}\right| - K \tag{1-7}$$

式中　m——材料参数;

　　　K——岩石材料的屈服应力,MPa;

　　　I_1——第一应力不变量,MPa。

当 $F(\sigma)=0$ 时,有:

$$\sigma_s = \sqrt{3}(K - mI_1)(1-\mu) \tag{1-8}$$

裂缝闭合微凸体发生塑性屈服的临界流体压力 p_{ps} 为:

$$p_{ps} = \sigma_v\cos\alpha + (\sigma_H\sin\beta + \sigma_h\cos\beta)\sin\alpha - \sqrt{3}(K - mI_1)(1-\mu) \tag{1-9}$$

可见,裂缝闭合时间的判断对于把握注水时机十分关键。

过早注水会阻碍油井周围的油采出,降低增油效果。在注水替油试验初期,有部分井没有转机抽生产就进行了注水替油,由于注采参数没有控制好,结果油井在注水后发生水淹而无法恢复产能。因此,油井要尽可能地利用天然能量开采,在后期地层压力难以维持正常机抽生产时才能进行注水替油。值得注意的是,单溶洞型可以早注,多缝供液型可以晚注。

除了根据裂缝闭合时间把握注水时机外,还可以根据油井生产动态资料分析判断油井的注水替油时机。以 TP31CH2 井为例,TP31CH2 井为塔河油田阿克库勒凸起西南斜坡 TP31 井原直井上钻的一口开发井(二次侧钻水平井)。2012 年 8 月 17 日,复合钻进至斜深 7 139.85 m,发生井漏,截至 8 月 19 日累计漏失钻井液 400 m³,可判断 TP31CH2 井沟通了溶洞储集体。

2012 年 8 月 26 日,TP31CH2 井开始自喷生产,开井后产量下降较快,供液不足,储集体定容特征明显。自喷阶段结束后,2012 年 9 月 23 日进行机抽生产,机抽后日产液量下降较快,此时建议进行试注水替油。油井的生产曲线如图 1-13 所示。

TP135 井为塔河油田阿克库勒凸起西南斜坡部位上钻的一口开发井,钻至 6 588 m 发生

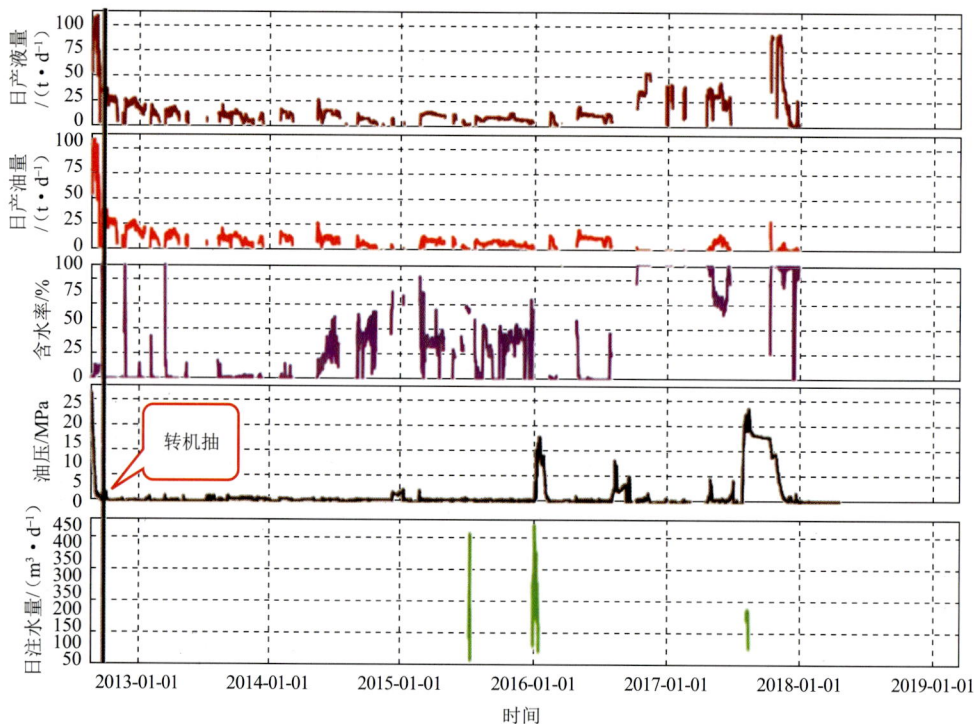

图 1-13　TP31CH2 井生产曲线

放空,放空井段 6 588～6 607 m(距 T$_7^1$ 顶深 0～19 m),视厚度 19 m,钻至完钻井深 6 651.76 m,共漏失钻井液 422.00 m³,可判断钻遇了溶洞储集体。2011 年 6 月 4 日开始自喷生产,自喷后产量下降较快,储层供液不足,定容特征明显,2011 年 10 月 2 日开始转机抽,日产液量下降仍旧很快,此时开始进行注水替油生产,替油生产效果显著。油井的生产曲线如图 1-14所示。

由 TP31CH2 井生产曲线(图 1-13)可以看出,在该井投产初期带水生产阶段,日产液量下降迅速,地层能量下降明显,并未及时注水补充能量,直到 2015 年 6 月才第一次注水,注水替油效果并不明显。

综上,单井注水替油的注水时机一般是在后期地层压力难以维持正常机抽生产时,因为注水的主要目的是补充地层能量,所以地层压力变化至无法向油井正常生产提供一定的供液能力时,即能量补充时机,同时为了防止因地层压力下降造成的储层结构变化,使渗流能力变差,需要把握裂缝闭合的时间节点。因此,对裂缝闭合时间和油井生产动态曲线的研究,是判断注水时机的两个方向。

2) 周期内的累积注水量

定量化设计注水量以恢复压力值、保持供给半径稳定为目标。以塔河油田西部断溶体油藏为例,其为未饱和油藏(原始地层压力 p_i 大于饱和地层压力 p_b)类型,且地饱压差大。目前单井注水替油井整体表现为底水不发育或缝洞体相对定容特征。因此,封闭性弹性驱动未饱和油藏物质平衡方程适用于塔河油田西部断溶体弱底水或缝洞定容类型的油藏,油藏单位压降采油量为:

图 1-14 TP135 井生产曲线

$$EEI = \frac{N_p}{\Delta p} = NB_{oi}C_t \qquad (1-10)$$

式中 EEI——单位压降采油量，$\mathrm{m^3/MPa}$；

   N_p——累积采油量，$\mathrm{m^3}$；

   N——油藏地质储量，$\mathrm{m^3}$；

   B_{oi}——压力为 p_i 时地层油的体积系数；

   C_t——地层岩石孔隙和流体的综合压缩系数，$\mathrm{MPa^{-1}}$。

由式(1-10)可知，油藏储量越大，单位压降采油量越大。断溶体油藏注入流体是开采的逆过程，因此，单位压降采出液量与单位压恢注入液量近似相等，即单位压降采油量越大，单位压恢耗水量越大。依据该原理定量化注水方法：首先，确定油藏单位压降采油量，即弹性能量指数 K_o；其次，确定单位压恢耗水量 K_w。这两步分别对应两条曲线：能量指示曲线（图 1-15）和注水指示曲线（图 1-16）。

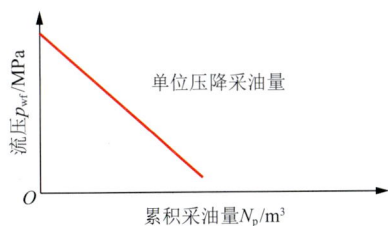

图 1-15 能量指示曲线

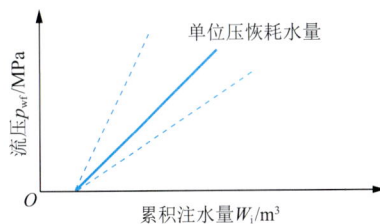

图 1-16 注水指示曲线

因此,得出需要注水量 $V_需$:

$$V_需 = \Delta p \times EEI \times \rho \times B_{oi} \tag{1-11}$$

$$N_p B_o = N B_{oi} C_t \Delta p = K_o \Delta p \tag{1-12}$$

$$W_i B_w = (N - N_p B_o) B_{oi} C_t \Delta p = K_w \Delta p \tag{1-13}$$

式中 K_o——弹性能量指数,m^3/MPa;

K_w——单位压恢耗水量,m^3/MPa;

ρ——原油密度,g/cm^3;

Δp——理论需要补充能量,MPa;

N_p——累积采油量,m^3;

B_o——压力为 p 时地层油的体积系数;

B_w——注入水体积系数;

N——油藏地质储量,m^3;

W_i——累积注水量,表示累积注入油藏水的地下体积,m^3。

周期内的累积注水量是影响每一口井注水替油效果最主要的因素,日注水量一般控制在油井生产初期日产液量的 $2\sim4$ 倍,它通过周期注采比(周期内的累积注水量与周期内的累积产液量在地层条件下体积的比值)来确定其大小。在注水替油的前期,周期注采比控制在 $0.5\sim1.5$ 之间,注水替油效果较好。这是由于注水替油前期的亏空量主要是岩石和流体的弹性膨胀体积,其中由流体弹性膨胀导致的亏空体积可以由注入水在短时间内弥补,而由岩石弹性膨胀导致的亏空体积由于注入压力的限制,不能够由注入水在短时间内弥补,所以注水替油前期的周期注采比应选择在 $0.5\sim1.5$ 之间。

以 TP12CX 井为例,由 TP12CX 井注采参数表(表1-2)和注水效果图(图1-17)可以看出,第 1 轮次的油水置换效率明显不如第 2、第 3 轮次好。第 1 轮次的注采比大于 1.5,注采比较高,导致注入水还未补充地层能量便被采出,使得含水率较高,油水置换率较低。

表 1-2   TP12CX 井注水替油参数表

注水轮次	注水日期	累积注水量 /m^3	注水时间 /h	关井时间 /h	注采比	生产时间 /h	累积产液量 /t	累积产油量 /t	含水率 /%
1	2011-03-04—2011-03-05	484	10	42	1.51	266	319	262	17.9
2	2011-03-19—2011-03-21	1 032	29	77	0.60	2 588	1 707	1 425	16.5
3	2011-07-13—2011-07-15	1 530	37	173	0.99	2 603	1 545	1 428	7.5
4	2011-11-10—2011-11-11	1 504	14	125	0.31	1 388	4 832	374	92.3

当前期注采比控制在 $0.6\sim1$ 之间时,注水替油前期替油效果较好,周期含水率一般低于 20%。后期随着油水界面的不断上升,可以适当提高注采比,减少产液量,以维持地层能量,使油水界面缓慢上升。

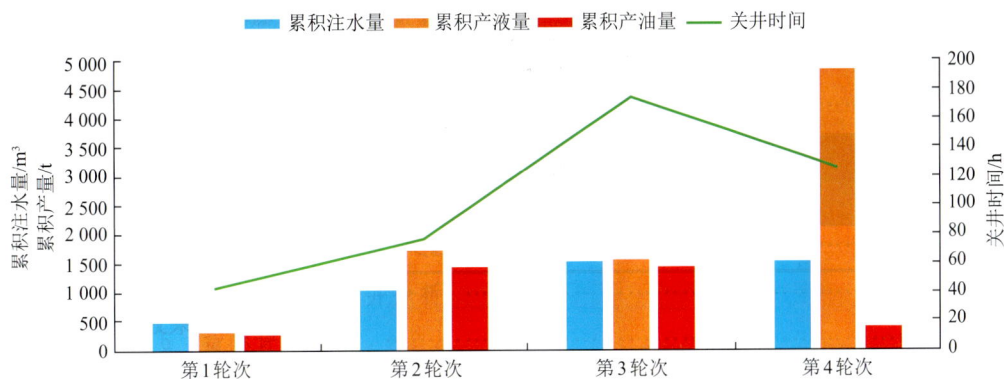

图 1-17　TP12CX 井周期注水效果对比柱状图

3）注水速度

注水速度受限于储集体的发育程度，储集体越不发育，注水越困难，注入压力越高，而注入压力过高，会造成地层破裂，另外井口承压也有限。一般注水速度不应使注入压力超过井口的承压能力和地层破裂压力。

以 TP135 井为例，TP135 井为塔河油田阿克库勒凸起西南斜坡部位上钻的一口开发井。钻至 6 588 m 时发生放空，放空井段 6 588～6 607 m，钻至完钻井深 6 651.76 m，共漏失钻井液 422.00 m³。根据放空漏失数据，判断 TP135 井为溶洞储集体。

用小时注入量反映注水速度的大小。由 TP135 井的注采参数表（表 1-3）和注水效果对比柱状图（1-18）可以看出，前 11 轮次的小时注入量介于 20～50 m³/h 之间，当小时注入量为 27 m³/h 时，累积产油量最高，为 1 138 t；后 4 轮次小时注入量介于 5～15 m³/h 之间，累积产油量较高，当小时注入量为 9 m³/h 时，累积产油量为 1 131 t，当小时注入量为 8 m³/h 时，累积产油量为 1 793 t。因此，钻遇溶洞储集体井的小时注入量前期可控制在 25～30 m³/h 之间，在保证生产时效的同时，还可以较好地实现油水的置换，后期注水降低小时注入量，控制在 5～15 m³/h 之间。

表 1-3　TP135 井注水替油参数表

注水轮次	注水日期	累积注水量/m³	注水时间/h	关井时间/h	生产时间/h	累积产液量/t	累积产油量/t	累积产水量/t	小时注入量/(m³·h⁻¹)
1	2011-08-28—2011-08-30	1 492	42	116	249	643	622	21	36
2	2012-03-14—2012-03-15	1 511	33	120	759	755	754	1	46
3	2012-04-26—2012-04-28	1 552	58	156	900	1 139	1 138	1	27
4	2012-06-13—2012-06-15	1 502	60	122	1 043	731	731	1	25

续表 1-3

注水轮次	注水日期	累积注水量/m³	注水时间/h	关井时间/h	生产时间/h	累积产液量/t	累积产油量/t	累积产水量/t	小时注入量/(m³·h⁻¹)
5	2012-08-04—2012-08-07	1 475	72	159	834	870	867	3	20
6	2012-09-16—2012-09-19	1 495	43	135	916	783	781	2	35
7	2012-11-02—2012-11-05	1 525	51	157	1 063	932	931	1	30
8	2012-12-26—2012-12-29	1 524	45	232	895	847	846	1	34
9	2013-02-14—2013-02-17	1 543	40	380	928	580	579	0	39
10	2013-04-12—2013-04-14	1 524	51	504	1 399	1 006	1 005	1	30
11	2013-07-13—2013-07-16	1 511	72	207	1 575	634	583	51	21
12	2013-10-01—2013-10-06	1 500	137	384	2 649	1 625	1 624	1	11
13	2014-03-12—2014-03-19	1 587	192	204	3 741	1 818	1 793	25	8
14	2014-08-30—2014-09-06	1 540	176	213	2 856	1 150	1 131	19	9
15	2015-01-12—2015-01-25	1 612	336	144	3 536	1 546	1 496	50	5

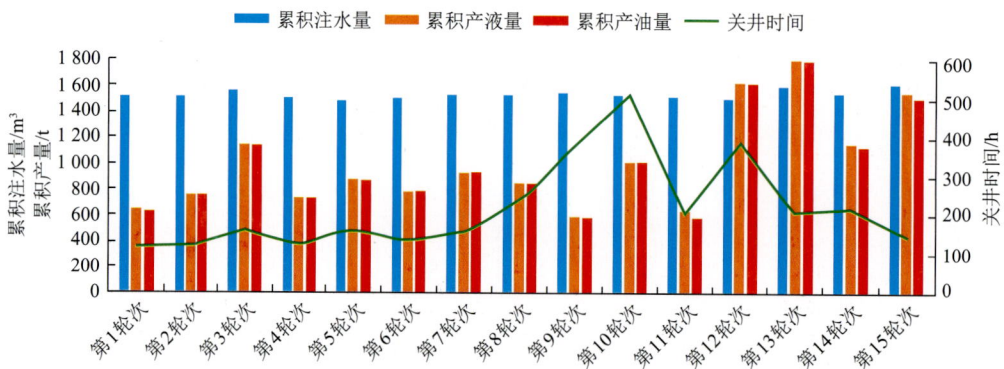

图 1-18　TP135 井周期注水效果对比柱状图

4）注入压力

注入压力不但受周期注水量的影响,还与小时注入量有关,矿场数据分析表明,注入压力对周期注水替油的影响较小,没有一个合理的范围,视井口承压能力及地层破裂压力允许范围而定,一般设计井口压力不超过 30 MPa(塔河油田奥陶系油藏地层破裂压力梯度为 0.016～0.022 MPa/m,取平均地层破裂压力梯度为 0.017 MPa/m),而实际停注压力一般为 10～15 MPa。

TP12CX 井钻至井深 6 378.68 m 时发生井漏,在井深 6 380.78 m 时钻井液只进不出,放空井段为 6 384.5～6 393 m,钻完井累积漏失量为 2 073 m³。该井单井替油时合理小时注入量为 42 m³/h,注入压力为 3.3 MPa。

TP135 井钻至 6 588 m 时发生放空,放空井段 6 588～6 607 m(距 T_7^4 顶深 0～19 m),视厚度 19 m,钻至完钻井深 6 651.76 m,共漏失钻井液 422.00 m³,平均漏速 21.10 m³/h。该井单井替油前 11 轮次,合理小时注入量为 27 m³/h,注入压力为 0.5 MPa;后 4 轮次合理小时注入量为 8 m³/h,注入压力为 0.3 MPa。

TP220X 井钻至井深 6 721.27 m 时发现井漏,放空至井深 6 723.03 m,放空井段 6 721.27～6 723.03 m,总漏失量 1 345 m³。该井在含水率低于 10% 时,合理小时注入量为 42 m³/h,注入压力为 0 MPa;在含水率高于 80% 时,合理小时注入量为 58 m³/h,注入压力为 0.8 MPa。

通过举例分析可知,注入压力没有合理范围,其不仅与油藏地质条件有关,也与油井生产不同阶段的合理注水速度有关。注入压力的确定是一个对储层特征和油井生产特征进行综合分析和优化的过程。

以 T756CH 井为例,该井在钻井期间发生放空、漏失,分析该井钻遇溶洞。投产后调整工作制度,增大油嘴后油压下降,含水率上升,日产油量下降。该井转普通泵生产后,前期不含水,后期含水率时高时低,一般含水率为 20%,日产液量从 100 m³/d 左右降到 50～60 m³/d,日产油量也呈下降趋势。自喷开井后,该井产量下降较快,转普通泵生产后产液量下降明显。T756CH 井于 2008 年 5 月 2 日开始注水生产,至 2010 年 12 月共有 10 轮次注水,见表 1-4。

表 1-4　T756CH 井注水周期效果统计表

注水轮次	注水日期	注水时间 /h	累积注水量 /m³	周期注水效果评价			
				累积产液量 /t	累积产油量 /t	累积产水量 /t	含水率 /%
1	2008-05-02— 2008-05-04	55	2 025	2 027	1 709	317	15.7
2	2008-06-10— 2008-06-12	67	2 020	1 484	1 309	175	12
3	2008-07-13— 2008-07-15	42	2 030	4 240	4 109	131	3

续表 1-4

注水轮次	注水日期	注水时间 /h	累积注水量 /m³	周期注水效果评价			
				累积产液量 /t	累积产油量 /t	累积产水量 /t	含水率 /%
4	2008-10-13—2008-10-15	39	1 995	2 671	2 333	338	13
5	2008-12-13—2008-12-15	30	2 005	1 684	1 610	74	4
6	2009-01-20—2009-01-22	48	2 544	4 512	4 375	137	3
7	2009-05-07—2009-05-13	52	2 526	1 882	1 631	251	13
8	2009-07-14—2009-07-16	41	1 485	2 147	1 483	664	31
9	2009-12-20—2009-12-22	60	1 527	10 201	5 838	4 363	43
10	2010-12-21—2010-12-24	51	1 530	845	408	437	52

对 T756CH 井周期注水效果(图 1-19)进行对比,可以看出该井对焖井时间和累积注水量比较敏感。第 1～5 轮次累积注水量基本一致(1 995～2 030 m³),第 2 轮次累积注水量大于产液量,地层储存能量,第 3 轮次注水后累积产液量大幅提升,第 3～4 轮次累积产液量都大于注水量,使得地层产生较大亏空,第 5 轮次累积产液量下降。因此,第 6 轮次增加了注水量,增长了关井时间,以补充地层能量,并使注入水充分置换储集空间的油,增油效果明显。第 7～8 轮次都增长了关井时间,注水量有所降低,增油效果不明显。第 9 轮次大幅增加了关井时间,增油效果明显。综上,单井注水可以为地层补充能量,焖井可使注入水充分驱油,提高增油效果。

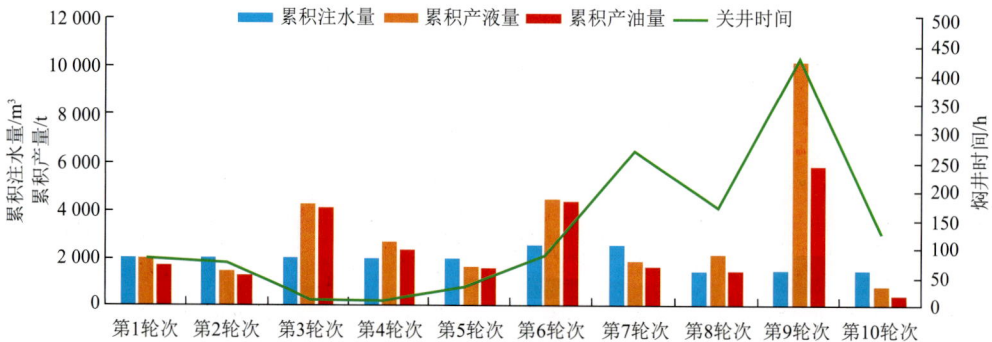

图 1-19　T756CH 井周期注水效果对比柱状图

对 T756CH 井生产曲线（图 1-20）分析可知，2008 年之前，该井自喷产油，日产液量迅速下降，在 2010 年 12 月前，共注水 10 轮次，日产液量在每轮次注水后都逐步回升，说明停产注水对提升产液量起到了很好的效果，前 10 轮次注水增油效果比较明显，由于地层能量比较充足，能够短注短停，长时间采油，产液较多，比较稳定。第 11～12 轮次注水后，增油效果没有前 10 轮次明显，以较低的日产液量稳定生产。在第 12 轮次注水后不久，日产液量逐步下降，2013 年 3 月 19 日至 4 月 19 日，进行了一个月的停产焖井，随后日产液量逐步上升，有一定的增油。第 13 轮次注水后，由于产油效果变差，进行长时间的焖井，使注水充分驱油，但是增油效果不明显，于是在 2014 年 7 月再次焖井后生产，有一定增油效果。第 14 和 15 轮次注水后，增油不明显。

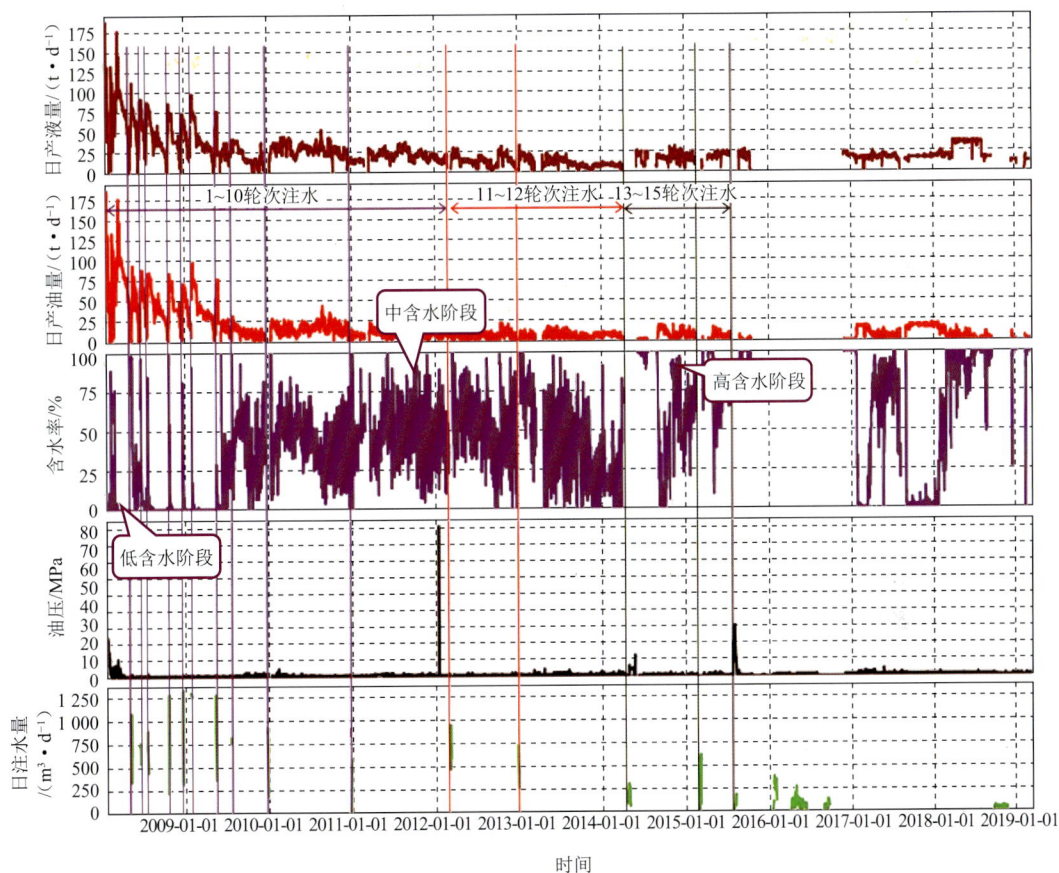

图 1-20　T756CH 井生产曲线

综上，油井沟通单溶洞储集体，由于定容，可较好地注水替油，在注水替油初期可短注短停，以较长时间开采，当驱油效果不佳时，应当增加焖井时间，使注入水能充分置换储集空间的油，提高增油效果。在注水替油后期，地层能量降低，需要提高注水量，同时增加焖井时间。在第 1～10 轮次注水期间，开井初期少量排水，整体含水率低，小时注入量控制在 30～60 m³/h 之间，合理焖井时间为 1～3 d，在注水替油后期焖井时间应当延长。在每一轮次注水后的开井初期，日产液量不宜过高，在开井中期和后期逐步提高日产液量。第 11～12 轮次注水时处于中含水阶段，小时注入量控制在 20～30 m³/h 之间，合理焖井时间为

9~11 d。第 13~15 轮次注水时处于高含水阶段,建议长时间焖井改善置换效果。

以 TK858XCH 井为例,该井钻进至 6 047.96 m 时开始漏失,漏速 11.52 m³/h,强钻至 6 068.78 m,漏失 220 m³,钻至 6 071.5 m 时放空,放空井段为 6 071.5~6 072.96 m,继续钻进至 6 073.51 m,累计漏失 734 m³。该井生产状况如图 1-21 所示。

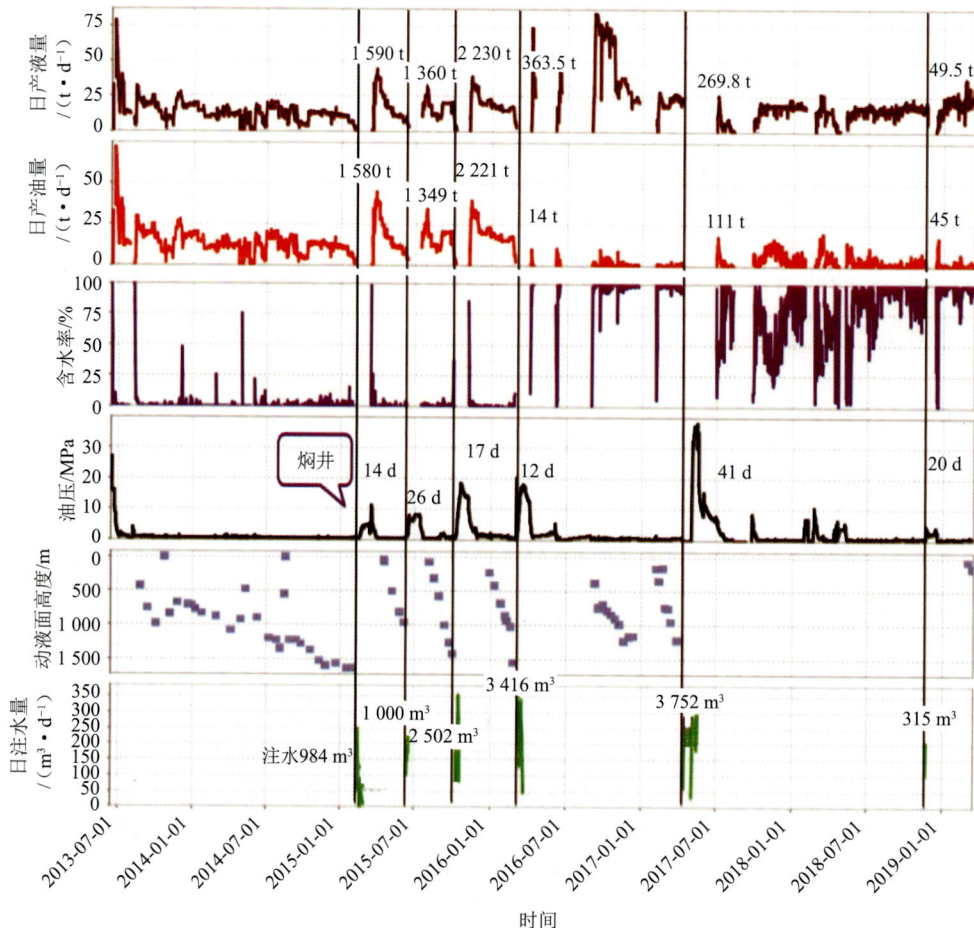

图 1-21　TK858XCH 井开采曲线

TK858XCH 井自喷阶段能量指示曲线如图 1-22 所示,可分为两个阶段,第一阶段能量快速下降,第二阶段能量较稳定,判断该井沟通两套溶洞储集体。通过对比分析每轮次注水参数与注水效果可知,沟通双溶洞储集体的油井,在前 3 轮次注水时处于低含水阶段,注水以补充能量与驱油为主,注水量为 2 502 m³,焖井时间为 17 d 时注水效果最好;在后 3 轮次的注水中处于水淹阶段,注水替油效果较差,注水量为 3 752 m³,焖井 41 d 时注水效果最好,但产油量仅为 111 t。总之,双溶洞储集体在含水率低于 5% 时,注水量为 1 000 m³ 左右,日均注水量为 60~70 m³/d,注水时长为 15~20 d;在水淹阶段,含水率高于 90%,不宜注水,需要开展注水失效治理工作。

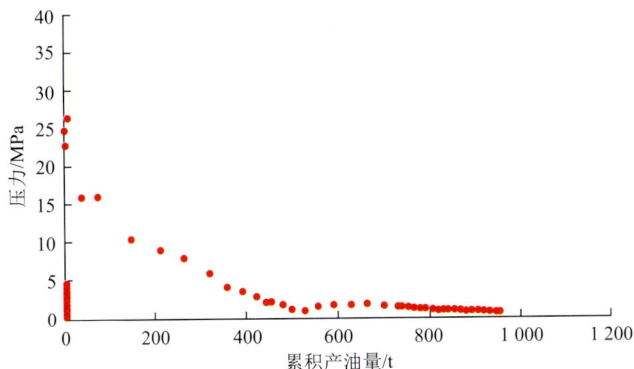

图 1-22　TK858XCH 井自喷阶段能量指示曲线

1.2.2　多井单元水驱机理

通过物理模拟,可以进一步研究多井单元水驱机理。以实钻井或矿场实际井组油藏地球物理精细刻画的宏观结构为基础,根据岩芯特征、钻井特征、露头特征、地震反演特征等,按照连通结构及形态相似、流动相似、尺寸比例一致、监测时间相似的原则,构建由溶洞、管道和裂缝三类储集空间以不同方式组合的缝洞结构物理模型(二维或三维模型),包括不同缝洞组合的全直径岩芯机理模型、二维缝洞模型。采用可视化微观刻蚀模型开展多种缝洞组合模型的注水驱油实验,直观观察注入水在模型内的驱动过程,分析不同倾角、不同驱替方向水驱油过程中油水在微观范围内的运动规律,研究无水采收率、含水期采出程度、最终采收率的变化以及水驱后的剩余油分布特征,进而得出以下认识。

(1)水驱油效果受驱动倾角、驱替方向影响,这些与缝洞发育特征(孔洞与裂缝的连通部位、孔洞形态、缝洞倾斜程度)有关,要综合考虑水驱油的多因素影响程度,采用改变注水速度、注水方式或注水方向的措施可以有效驱替剩余油,进而达到提高采收率的目的。

(2)缝洞沿纵向发育程度越大,水驱倾角越大,重力分异对水驱油效果产生的影响越明显,可充分利用重力分异作用提高采出程度。

(3)水驱方向会对驱油效果产生影响,特别是缝洞倾斜程度较大时,重力分异作用明显,采用自上而下的驱油方式,由重力分异所导致的水对油的浮力效应越强,水驱油效果受到的不利影响越明显。在自上而下注水过程中,注入水会快速沉降,除在离注入端较近的溶洞内发生驱油作用外,还在下部溶洞内发生驱油作用,同时出现油向上走、水向下运移的现象,使采出端快速见水,容易发生含水率快速上升甚至是水淹的情况。

(4)水的密度大于油的密度,在缝洞倾斜程度较大甚至是沿水平面垂向发育时,一般考虑自下而上的驱替方向。当缝洞倾斜程度较小时,注入水除按重力分异原理驱替原油以外,还按照阻力最小原则优先驱替低阻区原油,在水驱油过程中一旦形成水流通道,则该水流通道就会具有"记忆性",此时若不改变注水速度、注水方式或注水方向,孔洞中的剩余油就难以被驱替。

(5)在多溶洞组合的储集体中,原始油水完全按照重力分异原理分布,当溶洞发育有一定倾角时,一般采用自下而上的驱替方向,注入水一侧以较为平稳的水线向采出端推进,但仍有部分剩余油滞留在注入水不能波及的空间内。当溶洞沿水平方向发育时,水驱过程中注入水进入注入端后,先进入第一个溶洞进行重力置换替油,在水到达第一个溶洞的溢出点后,注入水开始进入第二个溶洞进行重力置换替油。以此顺序,注入水向前推进,注水过程中油水界面逐步抬升,最终沿最顶端的注入口形成一条平直的油水界线,大部分剩余油在此界线上部的溶洞内被封存。

(6)在多井单元的水驱油过程中,不同注采位置会影响水驱效果。在裂缝发育的储集体中,裂缝尺寸会影响波及能力,低部位注入、高部位采出时,裂缝尺寸越小,驱替效果越明显,当流体从裂缝底部进入后,小裂缝中重力作用很弱,注入水的垂向波及能力较强;当裂缝宽度较大时,重力作用增强,注入水的垂向波及能力减弱。高部位注入、低部位采出时,注入水主要体现出横向驱替作用,垂向重力分异不明显,油水密度差异小。

(7)无论是高注低采还是低注高采,孔洞和溶洞中的油水界面明显,基本呈线性抬升。孔洞内油水界面呈倾斜状态,溶洞内油水界面完全呈水平状态。溶洞尺寸越大,重力作用越明显,分异效果越好,水体在溶洞中均匀抬升驱油。

(8)油水密度差会影响水驱过程。当原油密度和驱替水密度相差不大,且原油黏度较大时,采出的原油中会携带部分注入水,在油水界面离井底较远时就已开始产水,相对于密度较小的原油而言,其无水采油期会更短,含水率存在台阶式上升的现象。密度较小的原油由于和驱替水密度差较大,重力分异明显,油水界面到达井底后才开始见水,无水采油期较长,见水时剩余油较少,因此见水后油水同产期短,累积产油量较少,含水率将迅速上升,达到100%,含水率阶梯状特征不明显。同样油水黏度差异也会影响油水界面的均匀推进,从而影响采出程度。

总的来说,在缝洞形态多样以及孔缝洞组合复杂的碳酸盐岩缝洞型油藏中,水驱油过程是复杂多样的,针对不同的储集体发育特征,水驱方式、水驱作用、水驱效果都会不同。裂缝尺寸越小,驱替作用越明显,重力分异作用越弱;溶洞越大,重力分异作用越明显;油水密度差越大,重力分异作用越明显;油水界面在孔洞内呈线性抬升,在裂缝内呈不规则抬升;油水界面形态各异,在裂缝内呈曲线分布,在孔洞内呈倾斜直线分布,在溶洞内呈水平直线分布;在注采井位置影响方面,井组位于裂缝型储集体上时,驱替效率受注采井高低位置、注水速度影响大,受溶洞空间大小影响小;在油水作用机理方面,注水主要有横向驱替、垂向重力分异、抑制水体锥进等作用。

通过综合对物理模拟、数值模拟以及矿场的认识,明确了碳酸盐岩缝洞型油藏水驱开发的4个机理。

(1)通过注水,可以起到横、纵向水驱油的作用,缝洞尺寸越大,受重力分异作用越明显,纵向驱替作用力发挥越明显。

不同尺度二维平板模型实验分析表明,在水驱油过程中,注入水表现出了较好的驱油效果,在裂缝尺度较小时,注入水不易进入裂缝下部,起到了较好的横向驱油作用;随着缝洞尺度增大,注入水在重力作用下,油水分异效果越来越明显,起到了较好的纵向驱油作用。对于矿场中具有大型溶洞的井组,其纵、横向驱油效果明显,产液受效形式表现为油井含水率大幅下降(含水率可低至0),油井由机抽生产转为自喷生产,如图1-23所示;对于缝洞规模较小的裂缝-孔洞型井组,注入水分异效果不明显,受效井含水率下降缓慢,如图1-24所示。

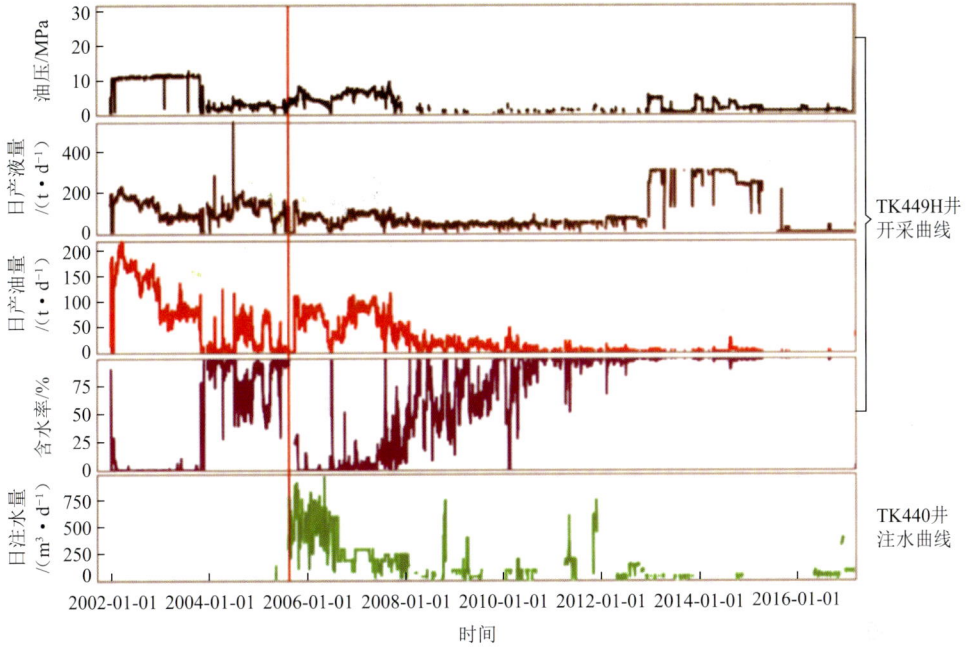

图 1-23　TK440—TK449H 井组注采曲线

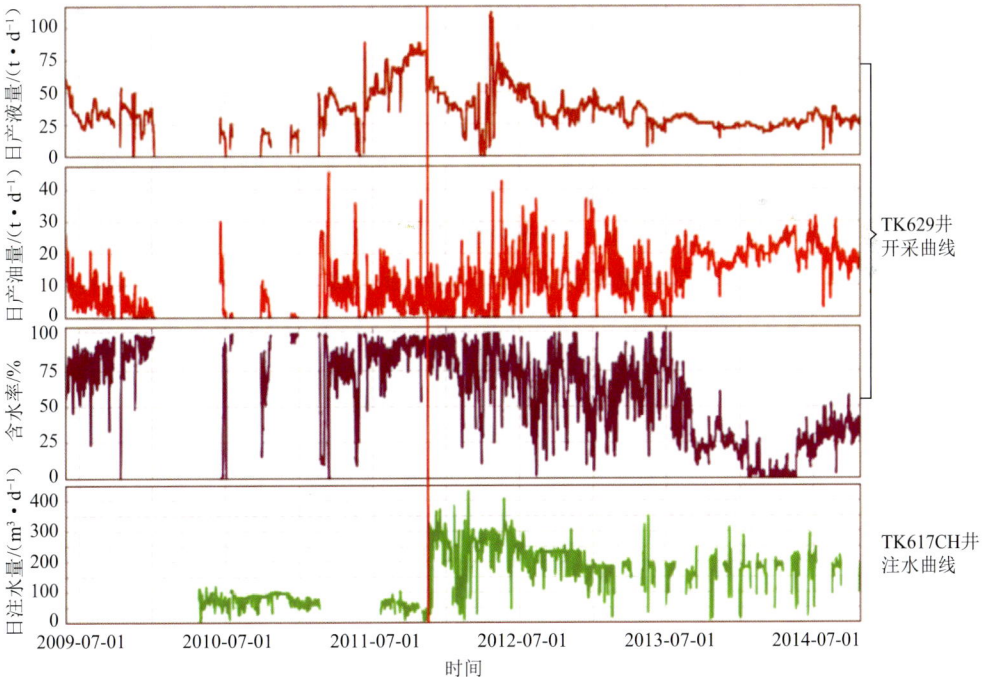

图 1-24　TK617CH—TK629 井组注采曲线

（2）对于能量不充足的单元，注水起到补充地层能量的作用，减缓由能量不足引起的产量递减。

对于能量不充足的单元，注水后弥补了前期亏空，使油藏压力得到不同程度回升，起到补充能量的作用。TK460H—TK471X 井组注采数值模拟结果表明,在衰竭式开采下油藏压力逐渐下降,当生产井转注后,井组压力明显升高,油藏能量得到了较好的补充(图1-25)。

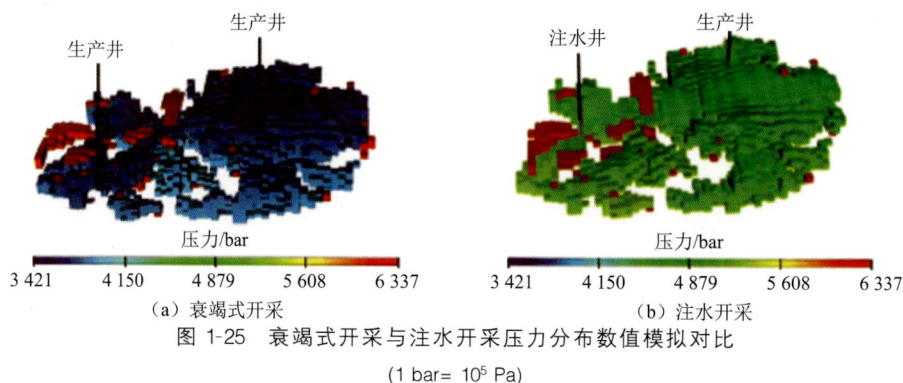

（a）衰竭式开采　　　　　　　　（b）注水开采

图 1-25　衰竭式开采与注水开采压力分布数值模拟对比

(1 bar= 10^5 Pa)

从矿场统计来看,在原始地层能量不充足的塔河十区东部、十二区北部及托甫台地区,注水补充能量的作用较为明显,在已实施注水的井组中有 28 个以能量补充为主要受效方式,其受效结果表现为油井含水稳定,油压、液面、产液量上升,产油量递减减缓。例如 TK460H—TK471X 井组,TK460H 井注水后,TK471X 井油压从前期下降趋势变为逐渐稳定上升,从注水前的 6.5 MPa 回升至 8.5 MPa,同时日产液量稳中有升,日产油量得到一定恢复(图 1-26)。

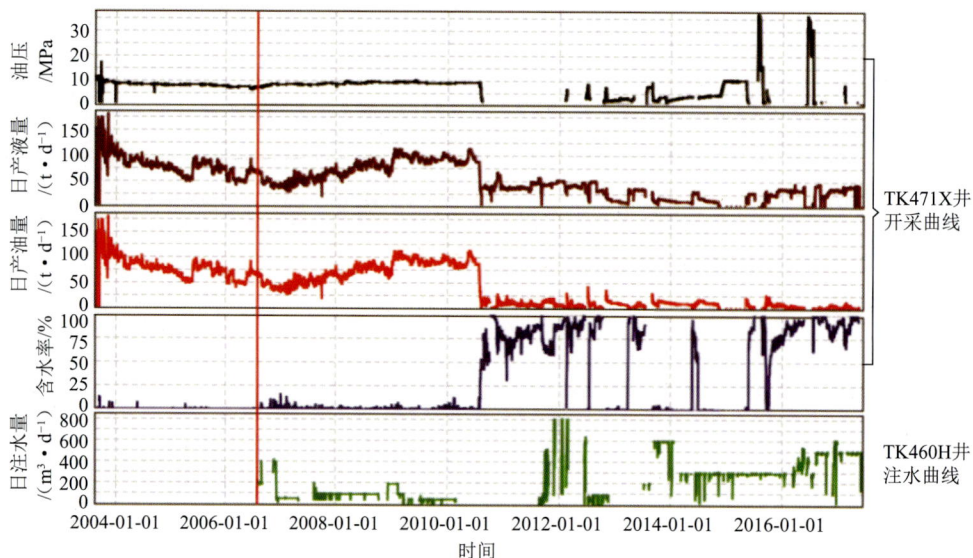

图 1-26　TK460H—TK471X 井组注采曲线

（3）对于底水能量较强的单元,注水可抑制底水锥进,减缓含水率上升或降低含水率。

为了研究注水抑制底水锥进的机理,进行室内物理模拟实验(图 1-27)和 CFD 模拟管道注采实验(图 1-28),实验结果见表 1-5 和表 1-6。由实验结果可知,在有注水井注入时,底水锥进速度明显减慢,同时产油量提高。通过机理模拟及矿场生产指标统计分析,注水增加了地层能量,缩小了储集体和底水之间的压力差,起到了抑制底水锥进的作用(图 1-29)。

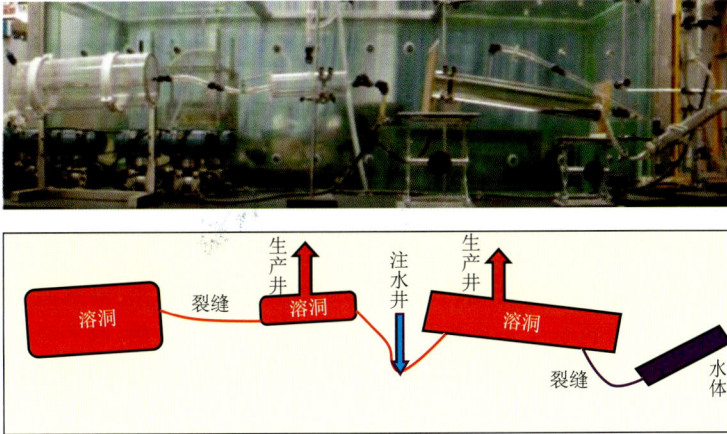

图 1-27　室内物理模拟实验

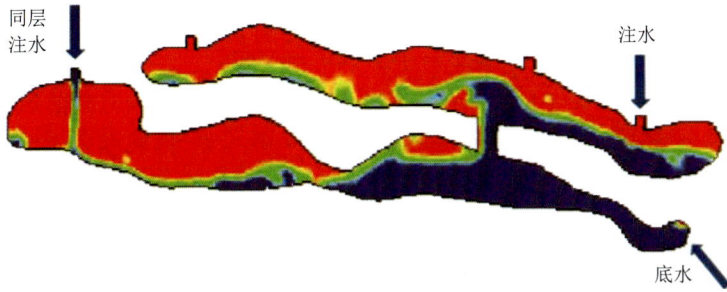

图 1-28　注水抑制底水锥进 CFD 模拟模型图

表 1-5　注水前后压力及产油量对比表

流　程	底水压降 /mmH$_2$O	产油量 /mL	生产时间 /s	单位产油量压力下降速度 /(mmH$_2$O·m^{-1}·mL^{-1})	描　述
1	64	11.1	770.9	0.045	底水锥进过程
2	57	45.2	350.5	0.022	注水抑制底水锥进

注：1 mmH$_2$O＝9.806 65 Pa。

表 1-6　注水前后压力及产油量对比表

水体压力 /Pa	无注水 水侵速度 /(m·s^{-1})	不同注水速度下水侵速度 /(m·s^{-1})			同一注水速度不同位置 处水侵速度/(m·s^{-1})
		注水速度 0.2 m/s	注水速度 0.4 m/s	注水速度 0.6 m/s	注水速度 0.2 m/s
7 100	0.736	0.572	0.464	0.339	
7 500	3.31	0.656			1.32
8 000	0.745				

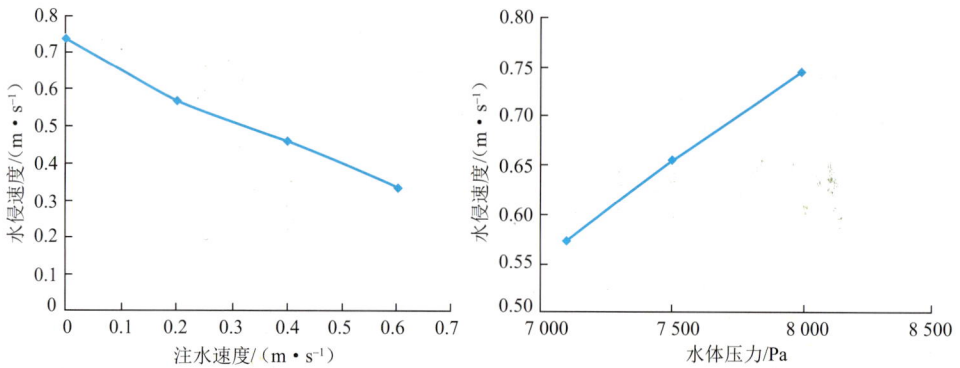

图 1-29 水侵速度与注水速度及水体压力的关系

通过矿场统计分析可知，注水抑制底水锥进井组有 25 个，其受效结果为产液量相对稳定、含水率下降、产油量小幅上升。例如 TK636H—TK611 井组，从该井组注采曲线（图 1-30）可以看出，TK636H 井注水后，TK611 井日产液量稳定，含水率下降，日产油量小幅上升。这说明在该井组注水可起到抑制底水锥进的作用。

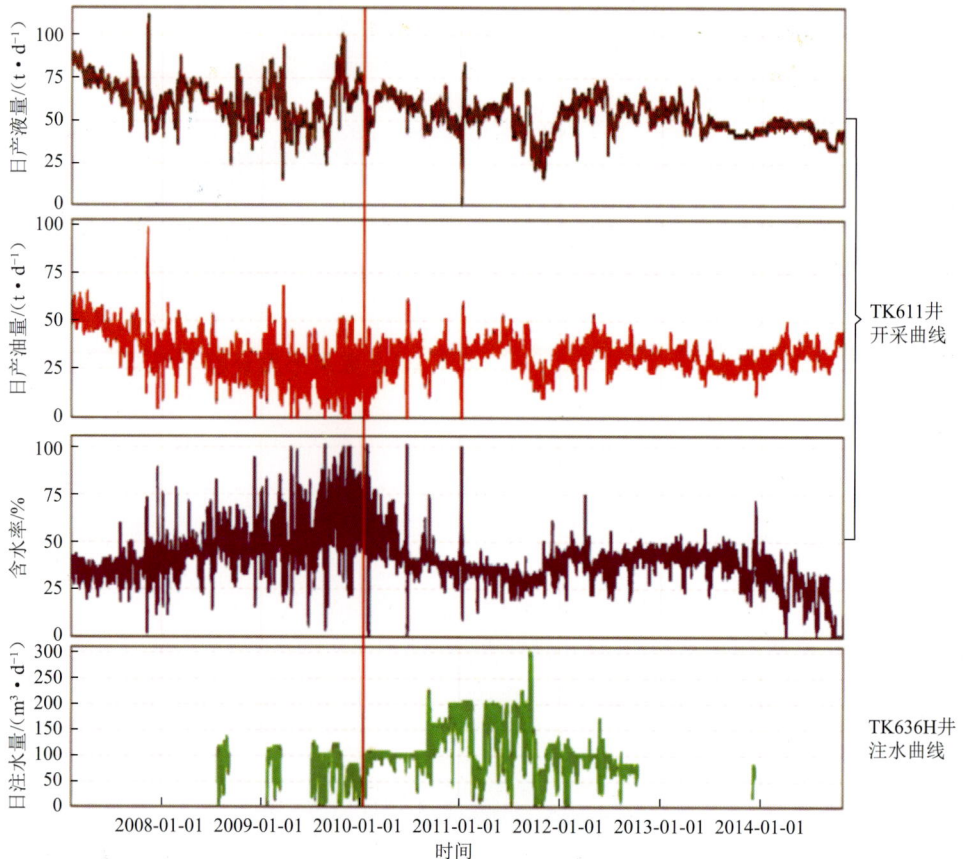

图 1-30 TK636H—TK611 井组注采曲线

（4）通过改变注水方式、水驱方向、调整注采参数等措施可改变液流场，从而增大水驱波及体积及驱替效率。

油水在地下流动的过程中，由于水的黏度比油小，故水在通道中所受阻力小，更容易流动。因此,经过长期单元注水,已在油水井间形成水驱优势通道,通过改变注水方式或者调整注采参数,如注水速度等,可以扩大波及范围。当停注时,由于缝洞尺度大,不存在毛管压力作用,油将占据水的位置,当再次注水时这部分油又被驱替。因此,改变井周压力场分布可以达到动用通道附近的剩余油、提高水驱采收率的目的。周期注水、换向注水是较为常用的手段。以 TK432—TK478—S65 井组为例,该井组产层位于河道上部,上下连通程度高。从该井组注采曲线(图 1-31)可以看出,对 TK432 井、TK478 井进行周期注水后,注入水沿河道深部横向驱替剩余油,油水存在交替段塞,含水率出现大幅波动特征,注水改善效果明显。从矿场统计情况来看,注水后改变液流场、扩大波及范围的井组有 12 个,取得了较好效果。

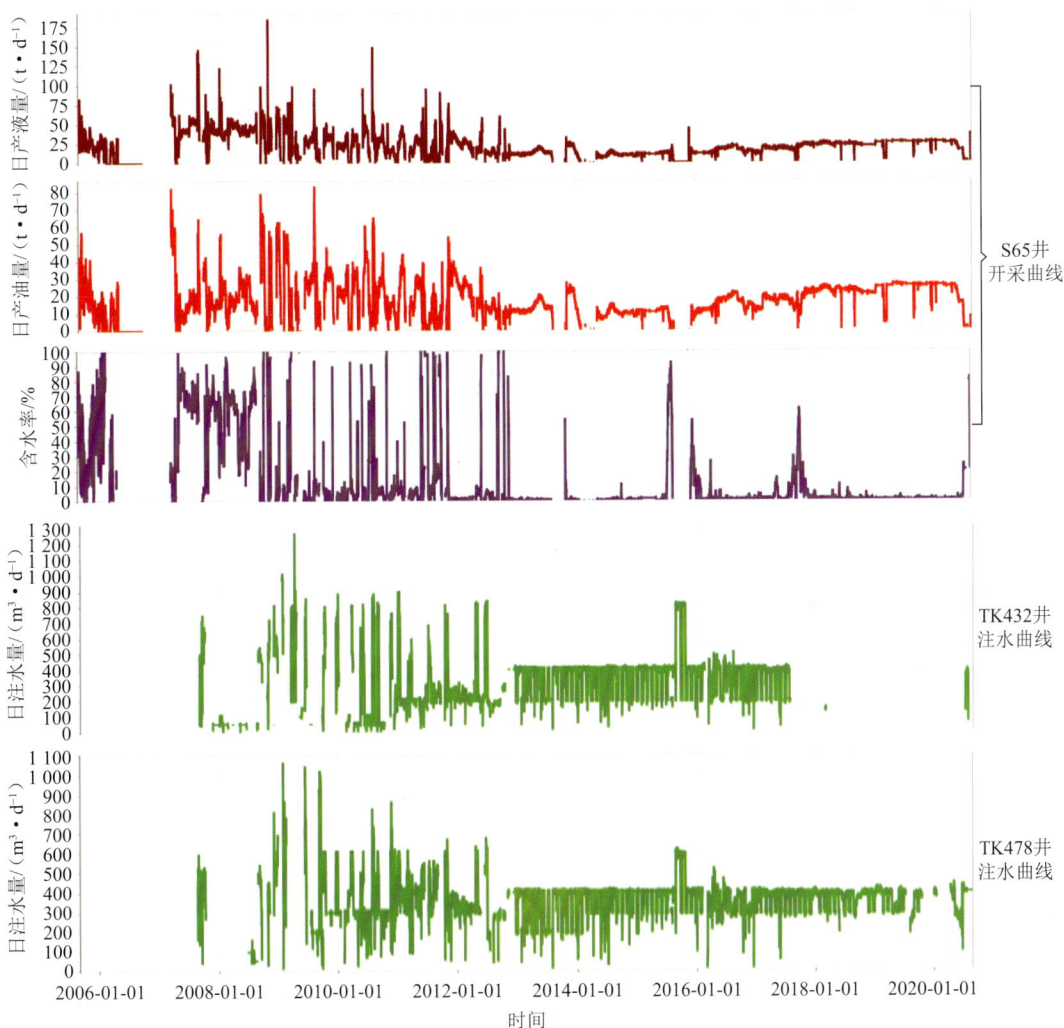

图 1-31 TK432—TK478—S65 井组注采曲线

基于对碳酸盐岩缝洞型油藏水驱机理的认识,着眼于碳酸盐岩缝洞型油藏单井开发和多井单元开发中面临的实际问题,以扩大水驱波及系数、提高采收率为目的,形成了针对单井和多井单元的改善水驱开发技术。本书将对碳酸盐岩缝洞型油藏高压注水技术、非对称不稳定注水技术、调流体势改善水驱效果技术、调流道改善水驱效果技术等改善水驱技术的增油机理和应用实例进行详细阐述。

第 2 章
碳酸盐岩缝洞型油藏高压注水技术

塔河油田缝洞型碳酸盐岩油藏主要储渗空间为碳酸盐岩的岩溶缝-洞复合体,孔洞和裂缝分布复杂,非均质性极强,在储集空间上呈不连续状分布。注水替油是塔河油田单井缝洞型油藏开发中用于提高采收率的主要方式之一。复杂的溶洞储集体结构使得部分油井在生产和注水过程中表现出多套储集体参与流动的特征。在单井注水替油开发过程中发现,部分缝洞单元发育良好的区块会出现多套储集体参与流动的特征,具体表现为注水指示曲线和注水压降试井曲线出现拐点等特殊现象。引起这类特殊现象的原因是远井储集体内流体通过裂缝流入近井储集体。针对此情况,塔河油田采用了高压注水开发方式,通过增大注水压力和注水量开启天然裂缝,以更好地沟通远端储集体,扩大注水替油的波及范围。

2.1 高压注水增油机理

根据高压下注入水的重力分异、渗流毛管力、压差横向驱动力,高压注水主要机理如下:

(1)通过高压注入水有效补充远端第二套储集体能量,增大井筒与远端第二套储集体之间压差(图 2-1)。

(2)通过高压注入水有效改善井筒与远端第二套储集体之间裂缝的导流能力,降低第二套储集体与井筒之间的压差(图 2-1)。

通过高压注水,可有效解决水驱动用程度低的问题,达到扩大储集体波及范围、提高储量整体动用程度的目的。

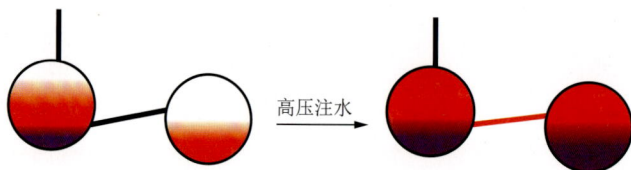

图 2-1 高压注水补充第二套储集体能量示意图

2.2　高压注水技术政策

1）选井条件

结合地质、工程等多方面及实际案例评价分析结果，以岩溶背景、储集体结构、远井储量、远端能量和地层压力（通道效果）作为高压注水井选井依据。

通过分析静态资料，碳酸盐岩缝洞型油藏多发育含多套缝洞储集体的缝洞单元，该类储集体具备通过高压注水连通多个溶洞进而扩大注水波及范围、提高采收的潜力，因此在高压注水开发实践中往往选择含多套缝洞储集体的缝洞单元为措施对象。储集体结构优选双洞型、多缝洞型，该类储集体结构具有第二、第三储集体，且高压注水前注水波及储量较小（小于 10×10^4 t），有必要利用高压注水方式沟通远端储集体。通过分析动态资料（四类指示曲线的差异性），优选在高压注水前压力系数小于 0.85 且远端能量弱的单井，通过高压注水开发方式，补充远端能量、改善裂缝通道效果。最终得出一套完备的高压注水选井原则，如图 2-2 所示。

图 2-2　高压注水井选井原则流程图

（1）静态资料显示缝洞发育并且拥有多套溶洞，具有通过高压注水开发方式沟通远井储集体的潜力，如图 2-3 所示。另外，也可以通过动态资料对第二套储集体进行定性判断并定量计算其储集规模。

在静态雕刻识别井洞关系的基础上，精准判断远井第二套缝洞体的准确位置；结合注水指示曲线是否存在拐点和试井曲线是否具备第二套储集体响应特征，动态验证第二套储集体动用情况。若验证结果表明存在第二套储集体未被动用，则满足高压注水的基本条件。

根据第二套储集体的典型注水指示曲线（图 2-4），利用物质平衡方程推导建立在不考虑岩石和水的压缩

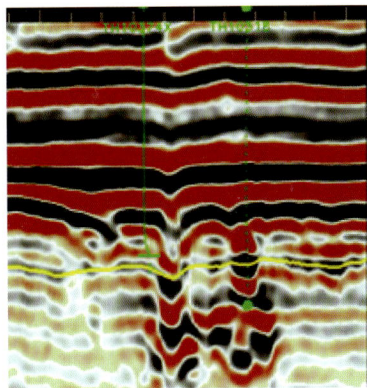

图 2-3　RTM 地震属性图

系数条件下的第二套储集体储量规模计算方程，量化计算二套储集体储量规模。若储量规模满足经济开发下限，则可实施高压注水。

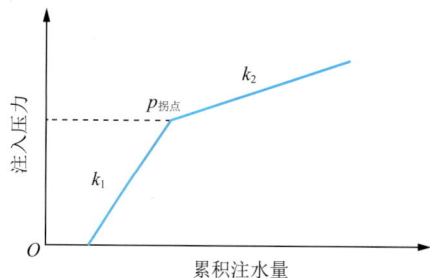

图 2-4　具备第二套储集体的典型注水指示曲线

$$p = \frac{N_w}{N_1 \, B_{oi} \, C_o} + p_0, \quad N_w \leqslant N_{wo} \quad （近井储集体） \tag{2-1}$$

$$p = \frac{N_w - N_{wo}}{N_1 \, B_{oi} \, C_o + N_2 \, B_{oi} \, C_o} + \frac{N_{wo}}{N_1 \, B_{oi} \, C_o} + p_0, \quad N_w \leqslant N_{wo} \quad （近井＋远井储集体）$$

$$\tag{2-2}$$

式中　p——注入压力，MPa；

　　　N_{wo}——累积产油量，10^4 t；

　　　N_w——累积注水量，10^4 t；

　　　C_o——原油压缩系数；

　　　B_o——原油体积系数；

　　　B_{oi}——原始原油体积系数；

　　　p_0——注水前井口压力，MPa；

　　　N_1——近井储集体产量，10^4 t；

　　　N_2——远井第二套储集体产量，10^4 t。

由上述方程可知，注水指示曲线不同斜率段的物理意义如下：

$$V_1 + V_2 = \frac{1}{k_2 \, C_o} \tag{2-3}$$

$$V_1 = \frac{1}{k_1 \, C_o} \tag{2-4}$$

由此可得：

$$V_2 = \frac{1}{k_2 \, C_o} - \frac{1}{k_1 \, C_o} \tag{2-5}$$

式中　k_1——阶段 1 注水指示曲线斜率；

　　　k_2——阶段 2 注水指示曲线斜率；

　　　V_1——近井储集体体积，m^3；

　　　V_2——远井第二套储集体体积，m^3。

常规测压关井时间较短，无法真实反映远端低渗连通缝洞能量，而通过关井液面恢复数据霍纳试井化处理可获取地层静压：以霍纳方程曲线延伸截距 p_i 为地层真实静压，即关井时间趋于无穷大时的压力，从而实现对第二套储集体能量的计算，计算结果可用于指导注水参数设计（图 2-5）。

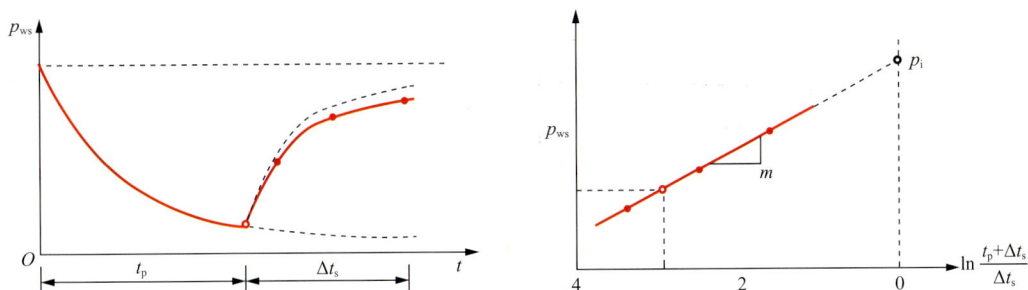

图 2-5　推导霍纳方程曲线图和液面恢复曲线计算远端缝洞能量示意图

$$p_{ws} = p_i - \frac{q\mu}{4\pi Kh}\ln\frac{t_p + \Delta t_s}{\Delta t_s} \tag{2-6}$$

式中　p_{ws}——恢复压力，MPa；

$\quad\quad p_i$——地层压力，MPa；

$\quad\quad t_p$——关井前生产时间，10^3 s；

$\quad\quad \Delta t_s$——关井时间，10^3 s；

$\quad\quad q$——井底流量，m^3/d；

$\quad\quad K$——地层渗透率，μm^2；

$\quad\quad h$——地层厚度，m；

$\quad\quad \mu$——流体黏度，$mPa \cdot s$。

（2）高压注水前注入水波及储量较小（小于 10×10^4 t）——注水前期排量低、强度弱的注水方式未有效沟通远井储量，通过高压注水方式，可扩大注入水波及范围，如图 2-6 所示。

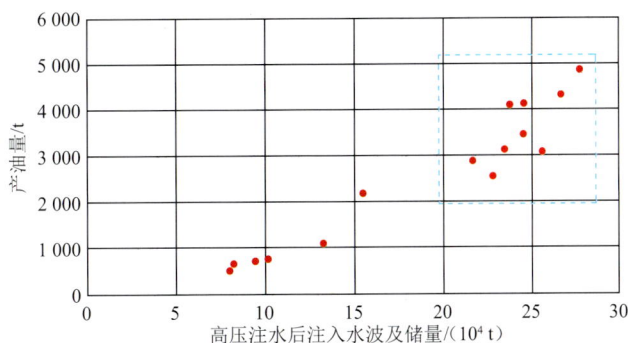

图 2-6　高压注水后注入水波及储量图

（3）高压注水前远井能量弱（压力系数小于 0.9）——前期因裂缝应力敏感、通道效果较差，未有效补充远井能量；通过大排量、高强度的注水方式，开启闭合裂缝，降低流动阻力，使其有效补充远井能量，如图 2-7 所示。

2）技术对策

高压注水技术对策主要包括提液和酸化解堵。

（1）提液。

由达西定律 $Q = KA\Delta p/(\mu L)$ 与油藏工程知识可知，油井产液量由生产压差和地层流

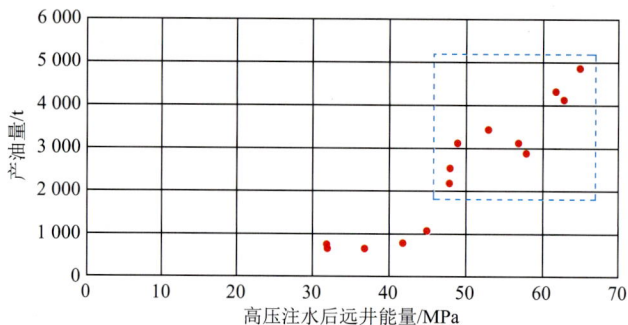

图 2-7　高压注水后远井能量图

动系数决定。因此,在其他条件不变的情况下,当 Q 增大时,则 Δp 增大,即生产压差扩大,井底流压降低。通常可适当采取增产增注措施,可达到扩大生产压差、降低井底流压的目的。在无因次采液指数随含水率上升的阶段能产生有效的提液效果,并且含水率高达 50% 以后提液开采越早,效果越好。

以油藏实际采用降压开采的时刻为时间节点,模拟注水开发 5 年,采用注采比 0.9 继续注水,适当提高产液量,对比不同降压速度(分别提液 1.5 倍、1.9 倍、2.3 倍、2.7 倍、3.1倍)的开发效果,如图 2-8 所示。

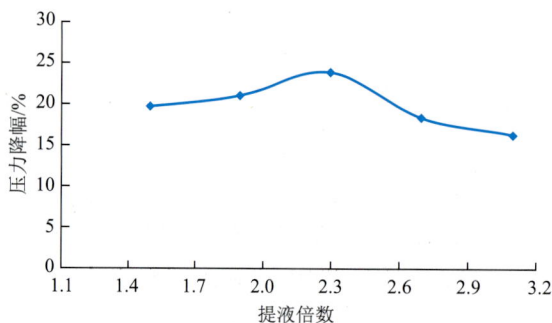

图 2-8　不同提液倍数下注入压力降幅对比

结果表明,通过提液的方式可实现降压开采的目的,随着提液倍数的增大,压力降幅增大,采出程度增加,但上升趋势略有变缓(图 2-9)。

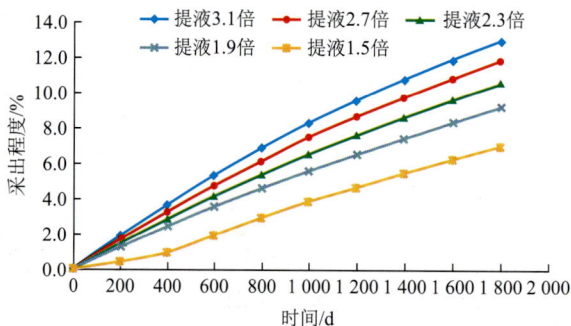

图 2-9　不同提液倍数下采出程度对比

提液后含水率增长较快,阶段产油量逐渐递增,当提液量提至原产液量的 2.3 倍左右时,采出程度较大,降压效果最显著(图 2-10、图 2-11)。

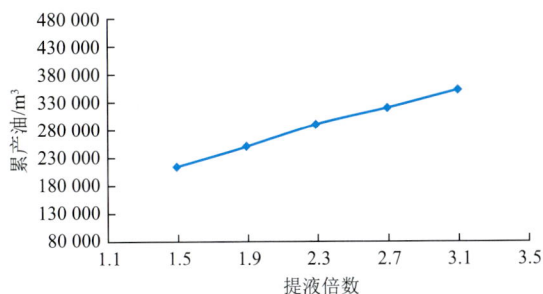

图 2-10　不同提液倍数下单井累产油

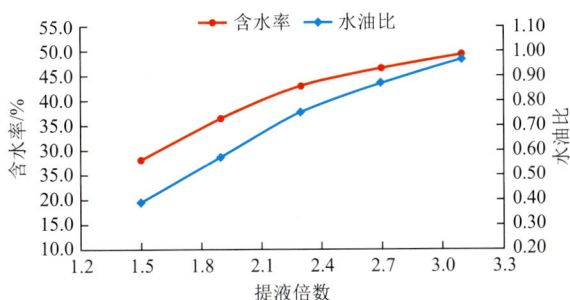

图 2-11　不同提液倍数下含水率及水油比变化

通过提液降压增注方案模拟 PRT,对比降压增注前后单井的分层产量和分层注水量,计算实时含水率等参数,分析提液降压增注前后生产规律及吸水能力变化。

高压注水井在提液降压增注前采用常规注水失效,采用提液降压增注后效果明显,单井分层产油量显著提升,含水率降低。当注入速度提高时,驱替压力随之增大,能重新压开部分裂缝,地层的吸水能力得到改善,说明提液降压增注可进一步驱替动用剩余油。在采用注采比 1.1 的前提下提液 2.3 倍效果最佳,继续扩大提液倍数时,含水率上升较明显,不利于提升开发效率及经济效益(图 2-12、图 2-13)。

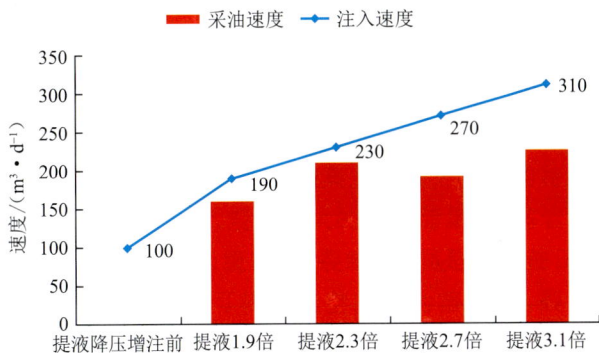

图 2-12　不同注入速度和采油速度的提液降压增注方案对比

通过提液降压增注前后不同层位注入量对比,分析提液降压增注措施实施后不同层位

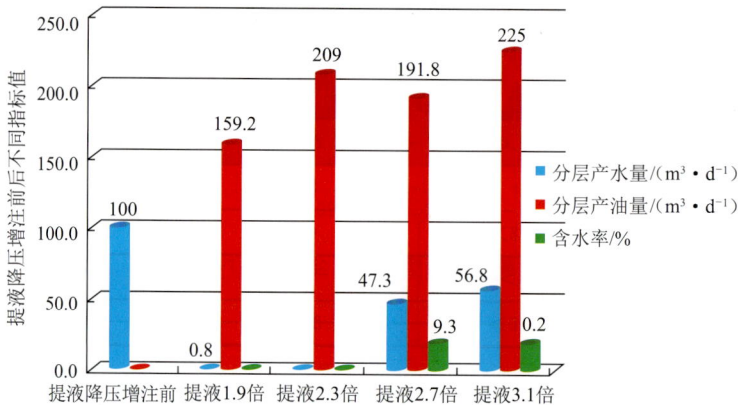

图 2-13　提液降压增注前后指标对比

注入量变化情况,在一定程度上分析生产井组产液剖面及各层的吸水能力。如图 2-14 所示,绘制油井产层段内不同提液降压增注方案下的小层注入量变化曲线,其中 33、34 小层为优势通道主要层位,提液降压增注后水体变化较大,吸水能力显著改善。从不同提液倍数下小层注入量的变化趋势来看,当提液 2.3 倍时,各层位的注入量最接近线性变化,说明此时的注采参数趋于注采平衡,提液降压增注效果最佳。

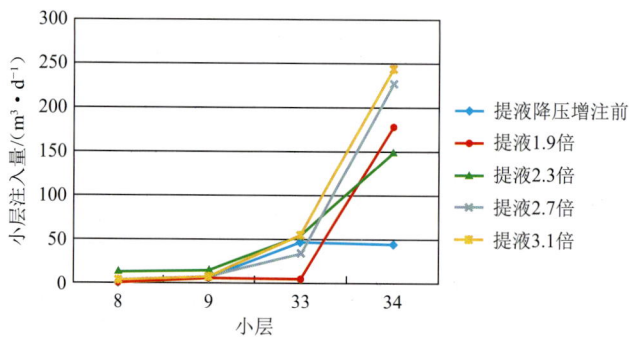

图 2-14　提液降压增注前后不同层位注入指标对比

（2）酸化解堵。

储集体酸化的主要目的是形成酸蚀孔隙或开启状态的裂缝,增产效果取决于酸化形成的裂缝长度和导流能力,适用于油层区域跨度大、单元井间阻力大、泄油体积减小的井区。根据塔河油田碳酸盐岩储集层的特点,酸液体系应满足以下性能要求：

① 地层温度高、碳酸盐含量高、酸岩反应速度快,酸液配方中加入缓蚀剂;

② 由于油藏埋藏深、摩阻高,施工泵压高,在酸液中加入减阻剂;

③ 由于地层岩石矿物成分的复杂性,在酸液中考虑加入黏土防膨剂、铁离子稳定剂及适当的表面活性剂。

针对塔河油田储集体强非均质性的特点,研究模拟在不同酸化模式下的注入压力,采取笼统酸化、局部酸化、分段酸化三种酸化模式,方案详情如图 2-15 所示。通过对比酸化后的储集体改造效果(图 2-16)初步优选酸化模式,从而优化工艺参数。

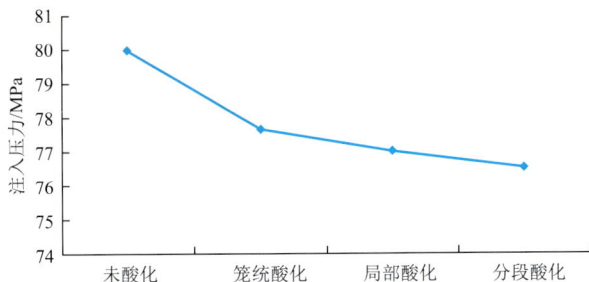

图 2-15　不同酸化模式下注入压力变化关系图

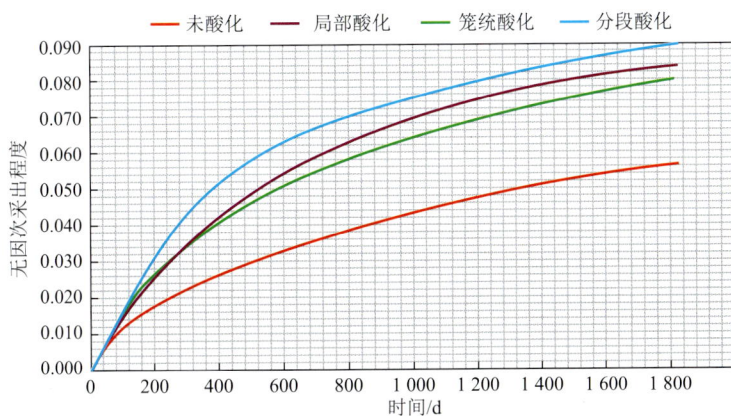

图 2-16　不同酸化模式下单井采出程度

　　为进一步研究在分段酸化模式下不同酸化程度的开发效果,我们增加了不同酸化倍数的酸化方案。通过对比酸化后的储集体改造效果(图 2-17)优选酸化模式,优化酸化工艺参数。

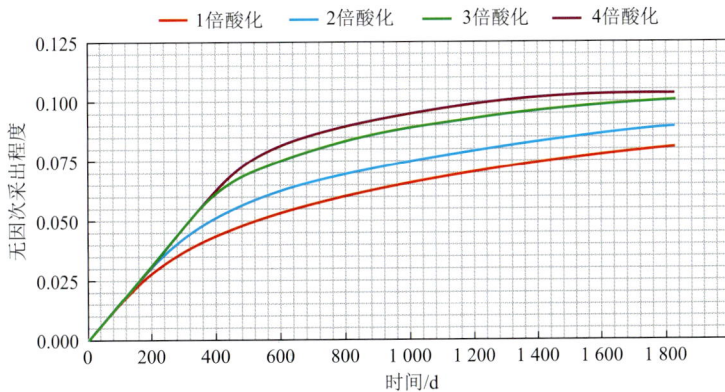

图 2-17　分段酸化模式不同酸化程度下单井采出程度变化关系图

　　在优选酸化模式下,进行全井分段酸化不同酸化程度数值模拟,模拟结果表明,采用分段酸化可在一定程度上改善储集体物性,降低注入压力,但随着酸化程度增大,降压效果趋缓(图 2-18)。

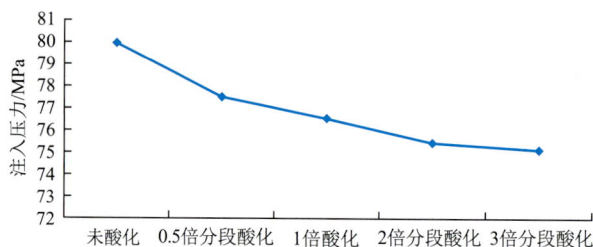

图 2-18 分段酸化模式不同酸化程度下注入压力变化关系图

3）参数设计

运用撬装式注水泵,采取油管注水,井口注水压力控制在 20～25 MPa。

根据注水指示曲线拐点压力和不同阶段斜率计算周期内的累积注水量 V:

$$V = V_1 + V_2 \frac{\Delta p}{p_i} \tag{2-7}$$

式中　Δp——设计第二套储集体补充压力,MPa;

p_i——原始第二套储集体地层压力,MPa;

V_1——近井储集体体积,m³;

V_2——远井第二套储集体体积,m³。

注水泵额定注入压力≥32 MPa,采油树及井口承压≥40 MPa。

配套酸化工艺:若在注入过程中,压力持续保持在较高水平,应在泄压后根据储集体距离及导流能力进行酸化改造,以降低注入压力,有效提高注水波及体积。

通过对高压注水试验井的产油效果分析,以及对高压注水增油选井原则的确定,下面给出三种不同岩溶系统(风化壳岩溶、古河道岩溶和断控岩溶)下高压注水参数推荐。

风化壳岩溶下以水平小缝洞为主,注水波及储量较小(平均 12.5×10⁴ t),具有高压注水开发方式沟通远井储量的潜力。通过判定储集体结构,该岩溶下以单一储集体为主,通过对高压注水先导试验井产油效果评价及计算分析,注入压力不小于 16 MPa,强度不小于340 m³/d,注入压力超过了连通裂缝的延伸压力,使裂缝通道开启,注入水波及范围扩大;单轮次注水量不小于 5 700 m³ 使远井能量持续补充,从而实现增产(表 2-1)。

表 2-1　风化壳岩溶系统下高压注水参数推荐

高压注水参数名称	参数推荐值	预期目标
累积注水量/m³	≥5 700 m³	改善裂缝通道效果,有效补充远井能量,连通远端储集体,扩大注入水波及范围,实现增产
注水速度/(m³·d⁻¹)	≥340 m³/d	
注入压力/MPa	≥16 MPa	

古河道岩溶特征显示,储集体非均质性强,易垮塌及充填,在生产、注水期间易发生裂缝通道封堵;注水波及储量较小(平均 14.5×10⁴ t),通过高压注水开发方式,具有沟通远井储量的潜力。古河道岩溶下的缝洞型油藏以缝洞型、双洞型储集体结构为主,通过对高压注水先导试验井产油效果评价及计算分析,注入压力不小于 17 MPa,注水速度不小于350 m³/d,累积注水量不小于 6 500 m³,使连通裂缝开启,远井能量得到补充;裂缝启动压差随流动阻力的变小而减小,注入水波及范围扩大,远井储量被动用,实现增产(表 2-2)。

表 2-2　古河道岩溶系统下高压注水参数推荐

高压注水参数名称	参数推荐值	预期目标
累积注水量/m³	≥6 500 m³	改善裂缝通道效果,有效补充远井能量,连通远端储集体,扩大注入水波及范围,实现增产
注水速度/(m³·d⁻¹)	≥350 m³/d	
注入压力/MPa	≥17 MPa	

断控岩溶特征显示,储集空间由溶洞、缝网等多种介质组成,裂缝、孔洞发育且裂缝连通强非均质性,具有沟通远井储量的潜力。断控岩溶下的缝洞型油藏以双、多洞储集体结构为主,通过先导高压注水试验井产油效果评价及计算分析,适当的注入压力(≥22 MPa)、注水速度(≥360 m³/d)和累积注水量(≥7 200 m³),可使连通裂缝开启,远井能量得到有效补充;连通裂缝开启,流动阻力变小,裂缝启动压差减小,注入水波及范围扩大,远井储量被动用,实现增产(表 2-3)。

表 2-3　断控岩溶系统下高压注水参数推荐

高压注水参数名称	参数推荐值	预期目标
累积注水量/m³	≥7 200 m³	改善裂缝通道效果,有效补充远井能量,连通远端储集体,扩大注入水波及范围,实现增产
注水速度/(m³·d⁻¹)	≥360 m³/d	
注入压力/MPa	≥22 MPa	

需要注意的是,欲使高压注水作业的效果达到预期的目标,关键技术要求就是井筒管柱的合理设计和地面设备满足日常高压注水需求。井筒管柱要做到合理设计,必须要建立能够正确描述注水管柱和工具受力状态的力学模型。在实际作业过程中,注水管柱要承受内压、外压、轴向力、弯矩、井壁支反力、黏滞摩阻力和库仑摩擦力等多种载荷,在这些载荷的联合作用下,注水管柱的力学行为十分复杂,且作业过程中注水管柱内外流体的压力和温度不断发生变化,必然引起管内各点的应力和变形发生相应的变化,进一步增加了管柱受力研究的难度。如果不能准确地分析井下管柱和工具的受力情况,将可能导致管柱断脱破坏、管柱永久性螺旋弯曲、封隔器胶筒损坏等事故的发生,造成巨大的经济损失。根据日常高压注水所需的排量、注水量等,以及现场管网水的供给和地面配套设备的使用现状,选择适合于高压注水的设备,以便正常作业。

以塔河油田为例,塔河油田高压注水井以采油二厂和三厂居多,其中尤以采油二厂高压注水井占比最大,特别是十区、十二区为重点推广区。采油二厂现有注水井 473 口,其中高压注水替油井 109 口,占全厂总井数的 23%;高压注水井主要为自喷井、机抽井、电泵井,因井口采油树的差异,承压能力各有差异,地面设备和管柱需进行不同适应性分析。注水井井型及管柱具体参数见表 2-4 和表 2-5。

表 2-4　高压注水井井型及设备承压

注水井类型	井口设备	设备极限承压值
自喷井	750 型采油树	60 MPa(安全系数 0.8)
	1050 型采油树	84 MPa(安全系数 0.8)

注水井类型	井口设备	设备极限承压值
机抽井	350 型采油树	22 MPa(安全系数 0.6)
电泵井	通过电缆高压密封	20 MPa

表 2-5 管柱参数

管柱参数	参数范围
油管管径	$3\frac{1}{2}$ in
下 深	2 872.5~5 008.6 m
油管管材	JC 油管
	JC 抗硫油管
	TP-JC 油管
	TP-JC 抗硫油管

注:1 in=2.54 cm。

下面对高压注水井进行适应性分析。

(1) 高压注水井注入压力适应性分析。

在不同岩溶系统下,针对高压注水参数推荐值、回压后的井口压力以及三类井的井口压力的极限值进行适用性分析,结果见表 2-6、表 2-7。

表 2-6 高压注水井注入压力分析表

岩溶系统	高压注水参数名称及推荐值 注入压力/MPa	平均回压值 /MPa	回压后井口压力 /MPa
风化壳岩溶	≥16		≥21
古河道岩溶	≥17	5	≥22
断控岩溶	≥22		≥27

表 2-7 不同井型承压能力分析表

风化壳岩溶				
矿场井口压力极限值				
自喷井		机抽井		电泵井
普通注水泵 (32 MPa)	千型泵超高压注水 (54 MPa)	双闸板防喷器 (15 MPa)	外接高压转换接头 (22 MPa)	电缆高压密封 (15 MPa)
√	√	×	√	×
古河道岩溶				
矿场井口压力极限值				
自喷井		机抽井		电泵井
普通注水泵 (32 MPa)	千型泵超高压注水 (54 MPa)	双闸板防喷器 (15 MPa)	外接高压转换接头 (22 MPa)	电缆高压密封 (15 MPa)
√	√	×	√	×

断控岩溶				
矿场井口压力极限值				
自喷井		机抽井		电泵井
普通注水泵 （32 MPa）	千型泵超高压注水 （54 MPa）	双闸板防喷器 （15 MPa）	外接高压转换接头 （22 MPa）	电缆高压密封 （15 MPa）
√	√	×	×	×

　　双闸板防喷器机抽井和电泵井不能满足风化壳岩溶和古河道岩溶这两种岩溶系统下注入压力的需求；对于双闸板防喷器机抽井，若提升承压范围，需要外接高压转换接头；机抽井和电泵井不能满足断控岩溶系统下注入压力需求；对于机抽井，若提升承压范围，需更换 750 型采油树或 1050 型采油树。若电泵井达到高压，则需砍断电缆，更换承压能量高的采油树，一般现场不采取该办法。

　　（2）高压注水井注水速度适应性分析。

　　根据不同岩溶系统下高压注水井注水速度推荐值，结合目前现场使用注水泵的种类进行适用性分析，结果见表 2-8。

表 2-8　高压注水井注水速度适应性分析表

岩溶 系统	高压注水 参数推荐值	柱塞泵参数		过饱和注水 参数推荐值	千型泵车参数	
	注水速度 /(m³·d⁻¹)	排量 /(m³·d⁻¹)	柱塞数	注水速度 /(m³·d⁻¹)	1050 型	1500 型
					排量/(m³·d⁻¹)	
风化壳	≥340	480	5 个	≥1 200	720~1 680	2 160~2 880
古河道	≥350					
断控	≥360					

　　目前现场柱塞泵排量和强度均可满足三种岩溶系统下高压注水速度需求，建议继续使用；两种型号的千型泵车均可满足过饱和注水速度需求，建议继续使用。

　　（3）高压注水井累注量适应性分析。

　　根据塔河油田目前注水管网工艺（表 2-9），结合推荐高压注水量，重点分析采油二厂与采油三厂的管网输水能力。

表 2-9　高压注水井累注量适应性分析表

岩溶 系统	高压注水参数名称及推荐值			过饱和注水参数 名称及推荐值		注水管网	
	累注量 /m³	注水速度 /(m³·d⁻¹)	单轮次 注水时间 /d	注水速度 /(m³·d⁻¹)	单轮次 注水时间 /d	采油二厂平均 单井日输水量 /(m³·d⁻¹)	采油三厂平均 单井日输水量 /(m³·d⁻¹)
风化壳	≥5 700	≥340	16	≥1 200	4	124	670
古河道	≥6 500	≥350	18		5		
断控	≥7 200	≥360	20		6		

采油二厂注水管线覆盖率低,平均单井日输水量少,无法满足高压注水需求,采用一管双用管线(掺稀和注水共用管线)、新建管线,增大管线输水能力;每日配备 2～3 台水罐车拉运水,通过水罐车倒运水与管网水,基本可以保障供水作业。采油三厂位于塔河油田东部,注水管线覆盖率较高,平均单井日输水量能满足高压注水需求,其富余水量可与西部(十区、十二区为主)建立注水沟通;过饱和注水期间,需加配 1～2 台水罐车拉运水,通过水罐车倒运水与管网水,基本满足过饱和注水需求。

2.3　高压注水应用实例分析

塔河油田采取高压注水措施中,注水整体运行呈现出"温和上升"的特点,即总井数、注水井数、注水量、开井数、产油量均小幅上升,注水开发呈现出相对稳定的阶段。对 41 口高压注水部署井实施注水 132 轮次,累积注水量为 143.6×10^4 m^3,产油 54.08×10^4 t,日均注水 5 480 m^3,日均产油 2 375 t。与往年同期相比,实施注水的井数、总注水量和产油量小幅上升,吨油耗水率持续下降,由 1.22 下降到 1.07。

通过现场实际应用,并通过计算远井能量、高压注水前后注水波及储量、生产波及储量及启动压差,可知高压注水开发方式能够有效补充远井能量,尤其是对于有沟通远端储集体潜力的单井,能使注入水波及范围扩大,从而波及储量上升,也能够有效降低裂缝启动压差,改善通道效果。在现场实际应用有效率达 85.4%,已达到预期目标。对塔河油田区块具体评价统计见表 2-10。

表 2-10　基于高压注水政策下的效果评价统计表

推广区	优选井数	有效井数	有效率/%	单井平均注水波及储量/(10^4 t)	单井平均生产时长/d	高压注水单井平均累注量/m^3	单井平均每轮次产油量/t	总产油量/t
十　区	18	15	83.3%	26.3	95	11 435	4 435	34 513
十二区	23	20	86.9%	27.4	104	21 558	4 894	48 765
合　计	41	35	85.4%	26.8	99	22 214	4 664	83 278

(1) TH10258 井高压注水应用实例。

TH10258 井前期注水配合机抽生产,周期内的累积注水量小,生产周期短。地震资料显示存在多套储集体(图 2-19),注水指示曲线显示存在明显的注入压力拐点(图 2-20)。运用水驱储量计算方法得到近井储量 5.3×10^4 t,远井储量 62.5×10^4 t。综合分析认为该井远井储层缺乏能量,实施高压注水 9 730 m^3,注水后连续生产天数由 95 d 上升至 323 d(图 2-21),单位压降采油量由 62 t 上升至 148 t,表明高压注水有效波及并提高了远井能量。

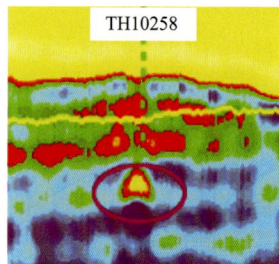

图 2-19　TH10258 井储集体波阻抗属性图

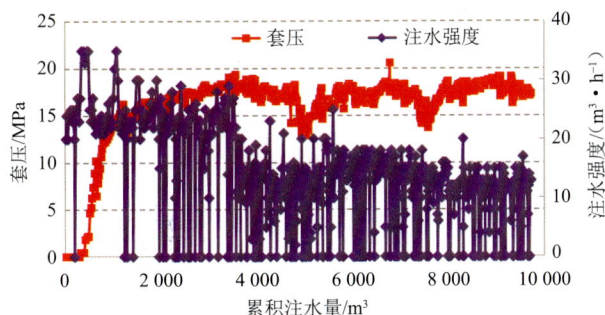

图 2-20　TH10258 井注水指示曲线

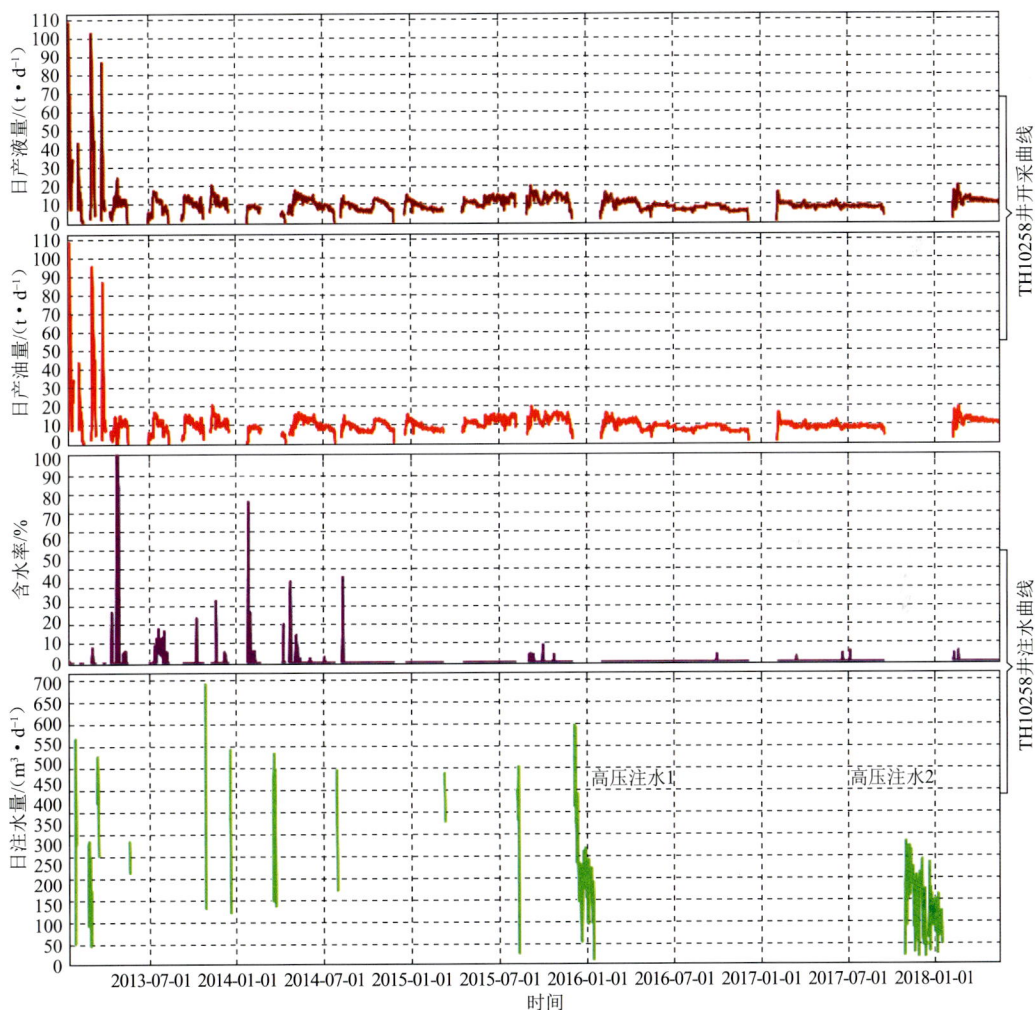

图 2-21　TH10258 井高压注水生产曲线

（2）TH10339CH 井高压注水应用实例。

TH10339CH 井前期注水效果因裂缝应力敏感引起通道效果变差、远井能量较弱（44 MPa），静态资料显示井周发育多套储集体（图 2-22），注水指示曲线显示存在明显压力拐点(图 2-23),具备通过高压注水动用第二套储集体的潜力。根据动态资料显示,水驱波及储量 21.3×10⁴ t,储量较丰富。实施高压注水(累注量 20 404 m³,注入压力 18 MPa)后,改善了通道效果,有效补充了远井能量(71 MPa),阶段实现累计增油 2 194 t。从该井生产曲线(图 2-25)可以看出,每一轮高压注水均可有效增加产油量,在注水后含水率会上升,但之后会逐渐下降。

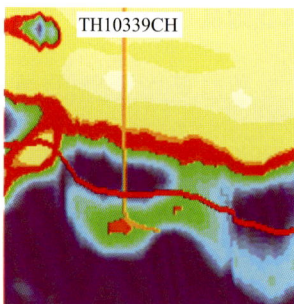

图 2-22　TH10339CH 井储集体波阻抗属性图

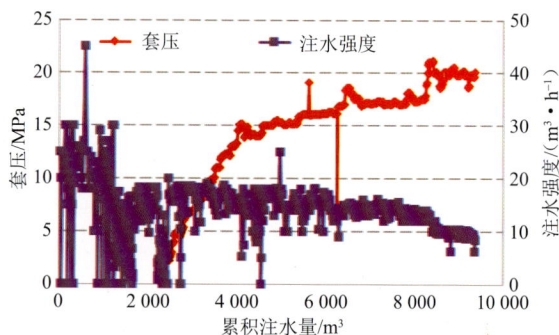

图 2-23　TH10339CH 井注水指示曲线

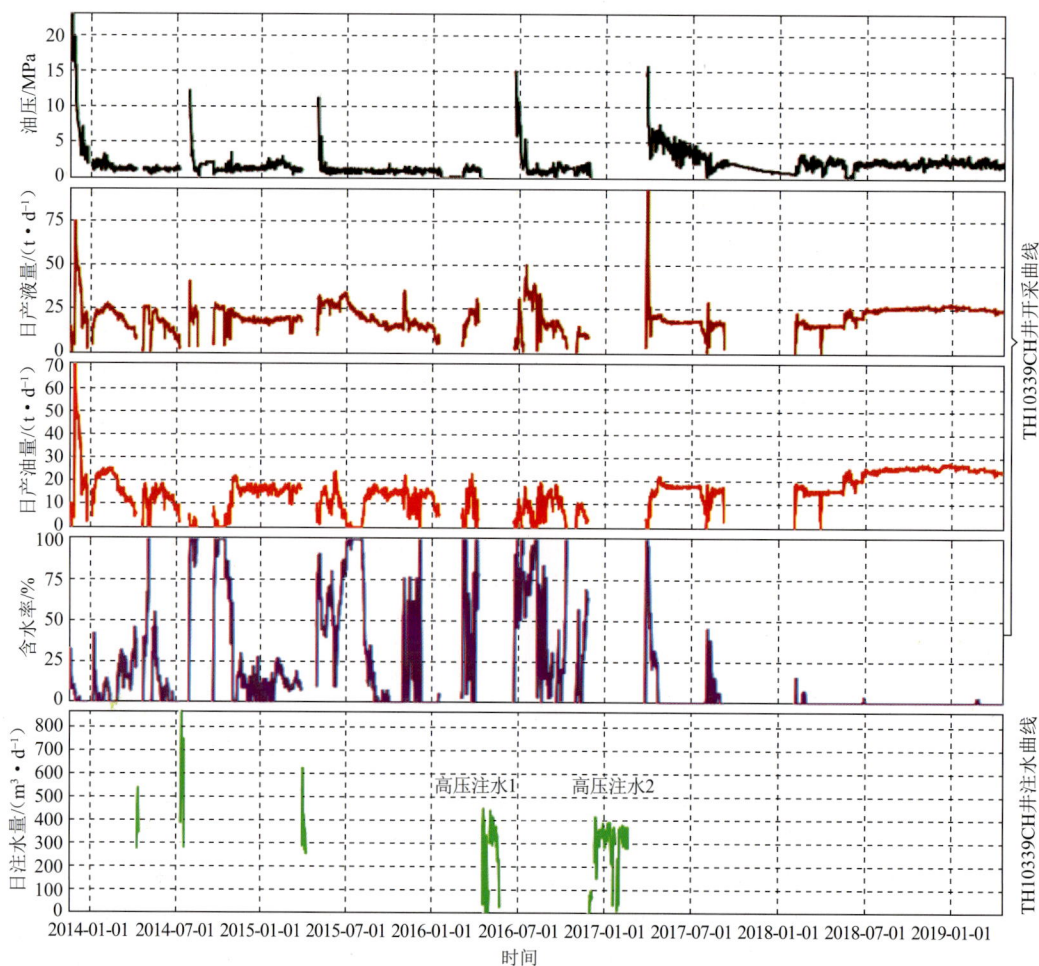

图 2-24　TH10339CH 井高压注水生产曲线

第 3 章
碳酸盐岩缝洞型油藏非对称不稳定注水技术

对于具有多套储集体的缝洞单元,缝洞结构对注水开发有着重要影响。这意味着,对于多井单元,利用注水开发手段提高采收率,是一个通过储层特征分析、井间连通性评价、生产动态分析等确定合理注水时机、注水速度、注采方式和注采关系等的综合油藏工程分析的过程,并需要根据井口生产数据评价不同油藏工程参数对应的增油效果,以做出合理、有效的注水技术政策调整。面对地层能量不足、产量下降、含水率上升等问题,为更大范围扩展水驱波及面积,单一的注水方式已不再适用于碳酸盐岩缝洞型油藏的水驱开发,本章将重点介绍针对多井缝洞单元注水开发的注水方式优化技术,通过注水方式和注采参数的调整,提高产油量。

3.1 缝洞型油藏注水方式应用现状

对于多井缝洞单元,连续注水是常规的一种注水方式,一般指在注水速度稳定、注水时间超过 6 个月的注水方式,常用于常规砂岩油藏,可以持续、快速地补充地层能量,起到连续水驱的作用,均匀地将剩余油向生产井驱替。

在碳酸盐岩缝洞型油藏的注水开发中也可采用连续注水补充地层能量,除此之外,在缝洞型油藏注水开发中特别是开发后期常用的注水方式还包括周期注水、脉冲注水,其中周期注水指的是注水速度稳定且周期性注水、停注的注水方式,脉冲注水指的是定期变注水速度的注水方式,注水时长一般很短。这些都是碳酸盐岩缝洞型油藏常用的注水方式,可根据不同的地质背景、开发阶段、面临的开发问题采取不同的注水方式。如图 3-1 所示,TP253X—TP258X 注采井组中,注水过程中分别采用了脉冲注水、周期注水和连续注水三种注水方式。

周期注水由苏联学者苏尔古切夫在 20 世纪 50 年代第一次提出。1952 年,Brow Nscombe 和 Dyes 提出周期注水停注后的吸入过程能够提高油藏采收率;1959 年,Graham 等推导了一维吸入过程的理论方程;1965 年岑科娃等建立了周期注水模型,编制了"POTOP1"程序模拟计算,并对适用条件及影响因素进行了分析。苏联先后在波克罗夫、乌克兰多林纳等近 50 个油田上进行了周期注水矿场试验或工业性开采;美国于 20 世纪 60 年代初在 Spraberry 油田 Driver 区实施了周期注水,效果明显;我国于 20 世纪 90 年代以后在大庆、

图 3-1　TP253X—TP258X 注采井组生产曲线（脉冲注水、周期注水、连续注水）

吉林、任丘、辽河、胜利等油田进行了周期注水工业应用及矿场试验，控水增油效果明显。1994 年，申友青等对裂缝型碳酸盐岩油藏驱油机理、不稳定注水机理进行了分析，并通过数值模拟、室内实验、矿场试验对不同方式的注水效果进行了分析总结，认为周期注水效果好于常规注水，短注长停效果好于对称注水。注水速度和周期不稳定的注水方式即不稳定注水。不稳定注水即通过周期性改变注水方向或注水量，在储层内产生连续不稳定压力分布，又称为间歇注水。按照注采比的不同，不稳定注水包括对称注水（注水和停注时长一致）和非对称注水（注水和停注时长不一致），非对称注水包括长注短停和短注长停，如图 3-2 所示。实践表明，不稳定注水是一种适用于各类油藏和不同开发阶段的强化采油方法，具有投资小、见效快等优点，与常规注水相比可提高采收率 3%～10%。

广泛意义上的非对称注水除了注采周期的不对称外，还包括空间结构井网的不对称和注采强度的不对称。20 世纪 80 年代，Barenblatt 等提出了吸入过程非平衡模型，并在多年后提出了自吸过程考虑非平衡的理论，在此理论基础上逐渐发展出非对称注水的方式。1989 年，苏联在博布里科夫油田采用常规周期注水，效果变差后在 302 油藏试验区尝试非对称注水，在初期阶段进行脉冲注水，轮流关闭注入井和生产井，注水时间为 4～7 d，然后采液 12～24 d，取得了较好的效果。非对称不稳定注水在我国塔河油田也得到充分运用，值得注意的是，针对不同岩溶类型的缝洞型油藏，有效的注水方式也会不同。2016 年，杨阳研究了不同地质背景下的注水开发模式，包括注采井网、注水时机、注水方式以及注采参

数,并应用于塔河四区 S48 缝洞单元。对于风化壳碳酸盐岩缝洞型油藏,一般在早期采用
连续注水的方式,后期转为周期注水(图 3-3)。

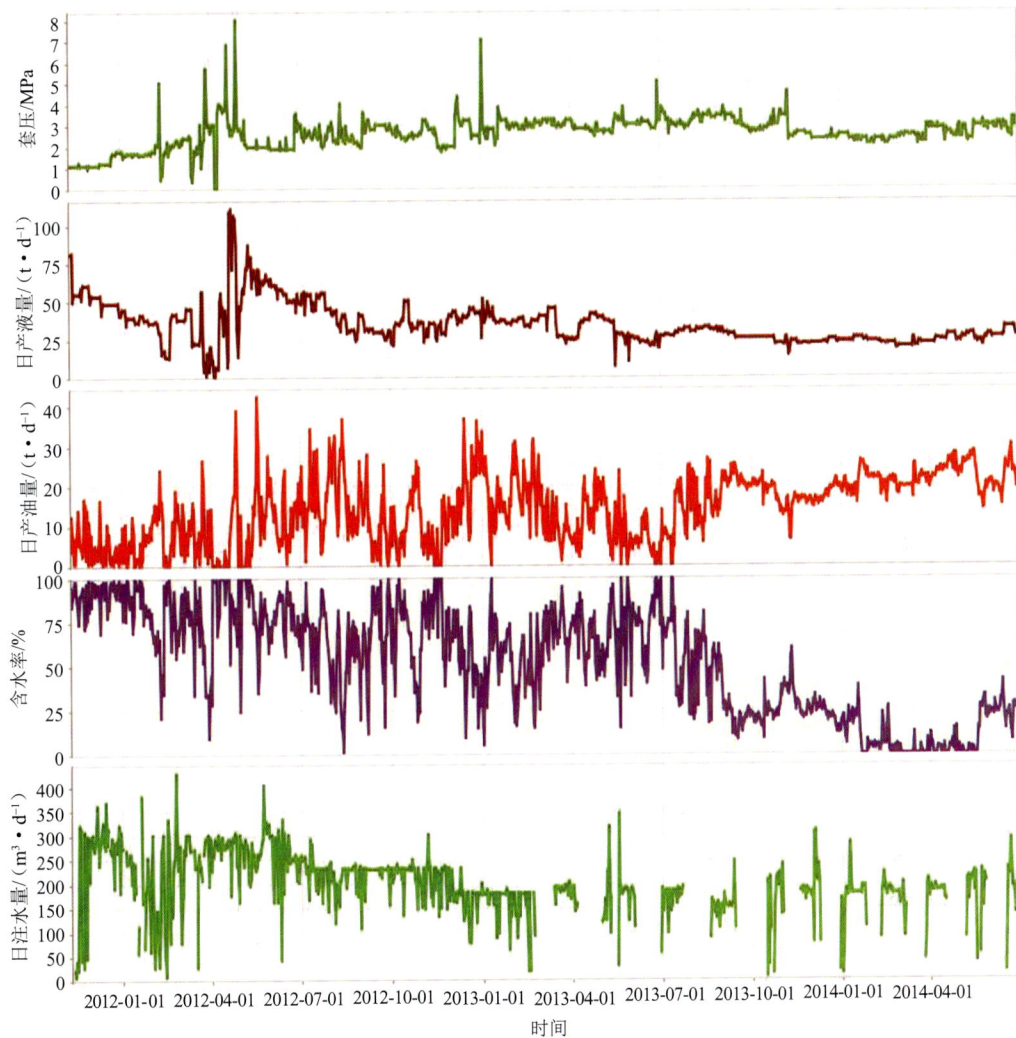

图 3-2　不稳定注水

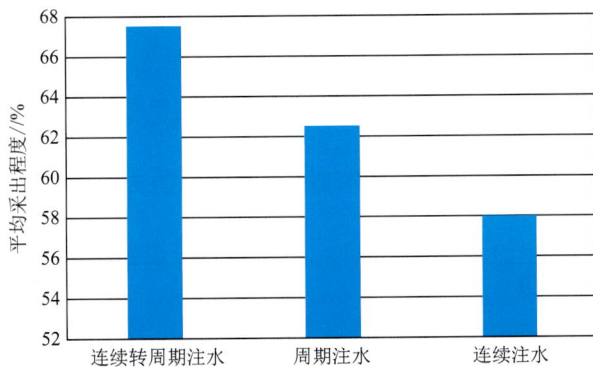

图 3-3　风化壳油藏不同注水方式采出程度对比图(实内实验)

对于断溶体碳酸盐岩缝洞型油藏,一般采用周期注水的注水方式(图 3-4)。

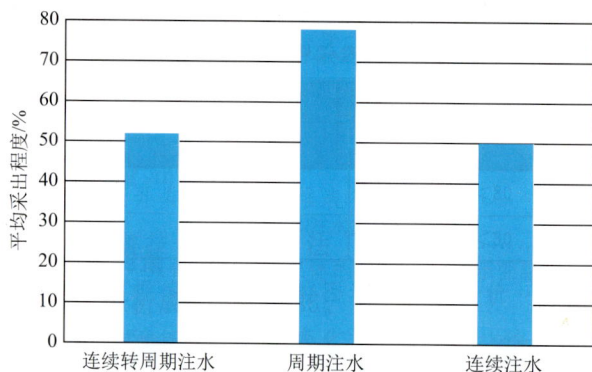

图 3-4　断溶体油藏不同注水方式采出程度对比(室内实验)

对于暗河碳酸盐岩缝洞型油藏,一般采用连续注水转周期注水的方式(图 3-5)。

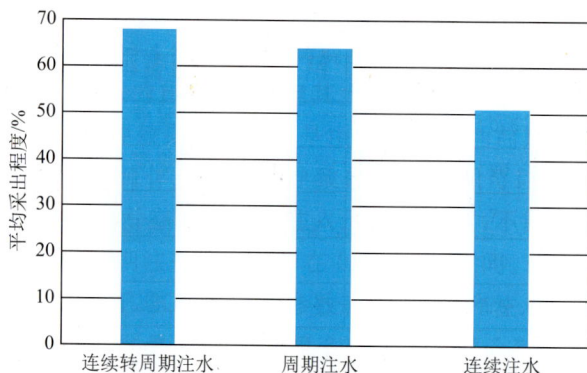

图 3-5　暗河油藏不同注水方式采出程度对比(室内实验)

3.2　非对称不稳定注水增油机理

非对称不稳定注水是近年来在强非均质及裂缝型油藏中运用较广泛的一种区别于常规注水的周期注水方式。周期注水分为对称性周期注水及非对称性周期注水两种。非对称即周期注水时间与周期停注时间不相等,具体又分为短注长停和长注短停两种模式。不稳定注水即通过周期性改变注水方向或注水量,在储层内产生连续不稳定压力分布。非对称不稳定注水就是通过采用非对称周期和不稳定注水量使非均质储层产生附加压差,以恢复和释放小孔洞弹性能,强化注入水对低渗层带的波及程度以驱出其中滞留油,同时通过形成段塞式驱替,避免注入水在流动优势通道形成连续水相而导致水窜,最终改善开发效果,提高采收率。我国在 20 世纪 90 年代对吉林扶余油田(西十队、西三队)、江汉油田(中南区块、黄场区块)等进行了非对称不稳定注水试验,取得了较好效果。

不稳定注水机理是通过周期性改变注水方向或注水量来增强层间压差及弹性力的作

用,使高、低渗透层之间产生油水交渗效应,增大水驱波及系数,提高水驱采收率,同时通过段塞式驱替防止快速形成连续水相,减缓水窜速度。具体增油机理如下。

周期注水阶段:主通道与中小裂缝通道压力传导速度不同,主通道压力上升快,中小裂缝通道压力上升慢,即 $p_1 > p_3$,$p_1 > p_2$,致使主通道的流体(水多油少)流入中小裂缝及溶洞,当压力达到平衡时,$p_1 = p_2 = p_3$,交互流动停止,如图 3-6(a)所示。

周期停注阶段:主通道压力下降快,中小裂缝通道压力下降慢,即 $p'_1 < p'_3$,$p'_1 < p'_2$,于是中小裂缝及溶洞的流体(油多水少)在附加压差及弹性力的作用下流入主通道,直到压力达到平衡,如图 3-6(b)所示。

注水阶段的压差使微裂缝及中小通道的毛细管力大大加强,主通道的水能较多地渗入中小通道及溶洞,重力分异导致溶洞中油水进行置换,同时不稳定注水产生的段塞式驱替能有效减缓水窜速度。

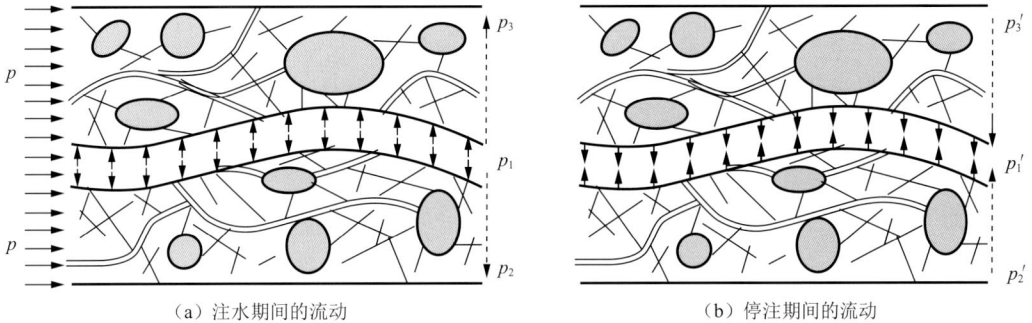

(a) 注水期间的流动　　　　　　　　　　(b) 停注期间的流动

图 3-6　不稳定注水机理示意图

随着注水周期的增多,含水饱和度越来越高,低渗透层剩余油越来越少,停注时高、低渗透层压力达到平衡的时间越来越长,流体交渗的速度越来越慢,采用短注长停的方式可使高、低渗透层流体交渗更充分,达到对低渗透层原油充分驱替的目的,长注短停能更有效地补充地层能量,提高采油效率。

目前已实行不稳定注水的油田,不论是对称性注水还是非对称性注水,与常规连续稳定注水相比均能有效提高采收率。苏联和我国周期注水效果统计情况见表 3-1、表 3-2 和表 3-3。

表 3-1　不同时期不稳定注水效果统计

苏　联		我　国	
不稳定注水时期	提高采收率	不稳定注水时期	提高采收率
早　期	7%～10%	含水 0%～40%	11.77%～14.44%
中　期	4%～6%	含水 60%～80%	6.56%～11.58%
晚　期	1%～3%	含水 90%～96%	0.60%～2.42%

表 3-2　苏联部分油田不稳定注水效果统计

油　田	区段号	注水采收率/%		提高采收率 /%
		稳定注水	不稳定注水	
罗马什金油田				
阿里开也夫区		48.9	52.7	3.8
东苏列也夫区		47.8	50.2	2.4
卡尔马林区	2	55.5	59.5	4.0
北阿里麦奇也夫	3	46.2	48.0	1.8
巴夫雷油田				
油藏 5		33.9	39.4	5.5
油藏 8	3	30.2	35.1	4.9
油藏 12	2	26.6	33.6	7.0
302 油藏	3	8.8	18.8	10.0

表 3-3　我国部分油田不稳定注水效果统计

油　田	区　块	不稳定注水时期	较常规注水增油效果
大　庆	太　南	开发初期	同时开发 10 a,太南采出程度 12.76%,综合含水 41.84%,而常规注水开发的太北采出程度 12.25%,综合含水 73.64%
	葡　北	中含水期	综合含水由 51.0%下降到 38.97%,增油 56 000 t
	葡北部分井组	高含水期	增油 12 347 t,占油井累积产油量的 15.8%
辽　河	海外 12 井组	高含水期	增油 1 965 t
胜　利	孤东七区西	高含水期	增油 3 500 t,提高采收率 3.0%
吉　林	扶　余	中高含水期	21 个试验区块累计增油 171 900 t,提高采收率 1.34%～7.1%,平均提高采收率 3.0%

　　另外,在碳酸盐岩缝洞型油藏多井缝洞单元水驱开发过程中存在多种影响因素,会影响非对称不稳定注水技术的增油效果。

　　(1)注水速度。

　　储集空间无论是裂缝型还是溶洞型,原油主要在无水采油期采出,水体一旦突破,产油量将快速递减。裂缝型有一小段油水同出期,表现出一定的渗流特征,而溶洞型则呈暴性水淹特征,减缓水窜能提高采收率。注水速度过大时,容易形成优势通道加速水窜;注水速度过小时,无法有效补充地层能量且驱油效果较差,故存在一个最佳注水速度使最终采收率达到最大,整体宜采取温和注水的方式(图 3-7、图 3-8)。

　　(2)原油黏度。

　　同一储集体,随着原油黏度增大,原油流动性变差,水油流度比变大,更容易发生水窜,驱替难度变大,驱油效果变差,最终采收率较低。对比不同原油黏度下连续注水与周期注水采收率(表 3-4、图 3-9)可知,随着原油黏度增大,连续注水与周期注水采收率都明显下降,且周期注水与连续注水间采收率的差值逐渐减小。

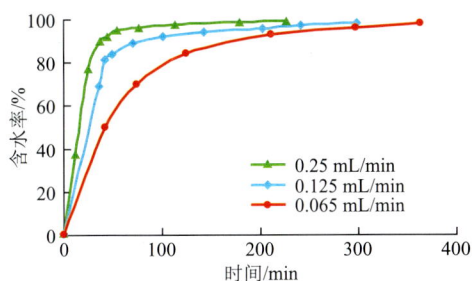

图 3-7　不同驱替速度条件下含水率与时间关系　　图 3-8　不同驱替速度条件下采出程度与时间关系

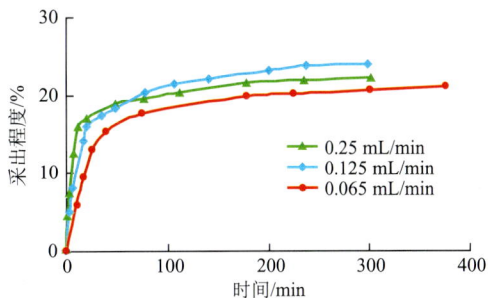

表 3-4　饱和压力下不同原油黏度对应的连续注水与周期注水采收率对比表

饱和压力下原油黏度 /(mPa·s)	连续注水采收率 /%	周期注水采收率 /%	两者差值 /%
0.31	56.2	66	9.8
1.16	51.2	60.5	9.3
2.32	49.0	57.3	8.3
4.64	45.4	53.5	8.1
9.28	41.0	48.1	7.1

（3）垂向位置高低。

郑小敏等通过岩芯实验模拟了不同驱替方向的驱油效果，发现低注高采效果最好，其次为平注平采，高注低采效果最差。溶洞型模型向下驱替时注入水在溶洞中由于重力作用会产生较强的窜流和射流现象，使注入水过早突破而发生水窜。同时注入水一旦突破就具有记忆性，后期注入水会沿着优势通道流动形成无效注水，大大减小了注入水的驱油效率。

（4）缝洞组合方式。

缝注洞采优于洞注缝采。郑小敏等通过模拟实验得出，无论采用何种驱替方式，裂缝型模型的采收率都低于溶洞型模型（图 3-9），这是由于裂缝型模型渗流通道狭窄、连通情况复杂，出现"阁楼油"和扫油盲区的几率更大。若采用缝注洞采，则注入水进入溶洞后向上逐渐进行活塞式驱替，能有效采出溶洞中原油，同时通过非对称不稳定注水方式能增加驱替面积；若采用洞注缝采，则注入水容易由大通道进入，形成优势通道，从而发生水窜，甚至造成暴性水淹。通过概念模型数值模拟研究，缝注洞采比洞注缝采的采收率高 30% 以上。

（5）周期注水时间与停注时间的比值 λ。

梁春秀通过数值模拟研究了 11 种不对称周期和 5 种对称周期注水，模拟结果表明，不对称性周期注水的驱油效率相对更高。在周期长短一定的情况下，停注时间越长，效果越好，但当 λ（注水与停注时间比）大于 5 以后采收率变化幅度不大（图 3-9）。这是由于周期注水第 1 轮次效果最好，随着注水轮次增多，油藏含水饱和度增加，吸入过程的平衡时间逐渐增加（图 3-10），即主、次通道交流时间增加，增油效果逐渐变差，注水后期宜采用短注长采，以改善注水效果。

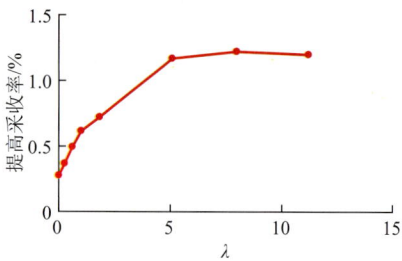

图 3-9　模拟裂缝注水效果与 λ 关系曲线

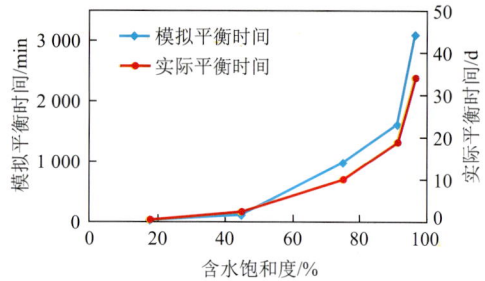

图 3-10　不同含水饱和度情况下的吸入过程平衡时间

（6）井间连通性。

与邻井连通性越好，则注水邻井见效越快，但同时水窜风险也越高，越容易失效。与邻井连通性越差，则注水邻井见效越慢，水窜风险越小，但有可能长时间不见效，因此需根据连通性好坏掌握合理的注采速度。

室内实验和数值模拟结果均表明，对碳酸盐岩缝洞型油藏注水时宜采取"低注高采、缝注洞采、温和注水、短注长停"的方案。

3.3　非对称不稳定注水技术政策

3.3.1　注水井的选择

注水井的初步选择很重要，直接决定后期试注水的效果和受效井的受效程度。选择注水井的前提是与生产井具有较好的井间连通性，其井间连通性可通过以下几个方面判断：

（1）与邻井的振幅变化率高值的连片性。振幅变化率高值的在一定程度上说明了碳酸盐岩油藏溶蚀的程度，与邻井的振幅变化率高值的连片性越好说明古岩溶作用后的溶洞、裂缝沟通程度越大，井间连通的可能性越大。选井时宜选择振幅变化率高值的连片性较好的井。

（2）与邻井地震反射特征有一定的关联性。古岩溶作用形成的溶洞连通性在纵向上反映为"串珠状"地震反射特征。

（3）注水井的吸水层在垂向上较预计受效井的产出层低。前期研究表明低注高采效果较好，通过测井曲线连井剖面可以确定井组注采层段垂直位置相对高低。

（4）注水井与预计受效井的缝洞组合以缝注洞采模式最优。前期研究表明缝注洞采模式优于洞注缝采模式，通过预计注采井的测井曲线及钻时曲线能快速确定注采井缝洞组合模式。

（5）注水井与预计受效井前期生产过程中有明显的动态响应。具体表现为其中一口井的完井、投产、调整制度、停喷会使另一口井在压力、产液、含水、液面高度等指标上有明显的非正常动态变化。

（6）注水井与预计受效井的地层压力、流体性质相似。具体表现为两口井的原油密度、黏度、地层水的矿化度、同类离子含量近似相等，并且同一时间、相同深度的地层压力、压力梯度在数值上近似。

通过地质资料、生产动态、流体性质的对比,初步确定注采井组的连通性,并兼顾低注高采、缝注洞采的原则对注水井进行初步优选。

3.3.2　注采参数的确定及调整

1)试注阶段参数的确定

非对称不稳定单元注水的关键是既要造成地层压力的明显波动,又要保持油藏有足够的驱油能量,需要在注水初期优化注水参数,并在生产过程中根据受效井生产动态及时调整。

试注阶段主要有两种注水方式:

(1)大排量注。优点是快速补充地层亏空,确定动态受效关系;缺点是水窜风险大,有效期短。

(2)温和注水。优点是水窜风险小,有效期长;缺点是试注期较长,难以有效确定动态受效关系。

为防止水窜,目前主要采用温和注水方式。试注阶段主要注水参数具体确定方法如下:

(1)日注水量。试注阶段由于对单元连通性认识有限,为避免出现水窜,日注水量应控制在预计受效井日产液量的 0.5~1 倍,注水必须匀速进行。

(2)周期注水时间。试注水阶段为避免形成水窜,连续注水时间一般为 20~30 d,试注期间需要密切观察受效井压力、产液、含水、液面高度等参数变化情况。

(3)周期停注时间。根据停注期间受效井压力、产液、含水变化确定周期停注时间,若预计受效井无明显动态变化,则初步确定周期停注与周期注水时间相同。

(4)注水时机。由于碳酸盐岩缝洞型油藏溶蚀缝洞发育,以裂缝为主要流动通道,储集体非均质性及通道尺度远远大于砂岩油藏和常规裂缝型油藏,流动阻力小,水窜风险远远大于砂岩油藏,所以预防水窜越早越好,注水时宜立即实行不稳定注水的注水方式。

(5)试注期间加入示踪剂,为后期调整提供依据。

2)正式注水阶段参数的确定及调整

试注水阶段确定注采对应关系后,进入正式注水阶段。正式注水阶段注水参数的确定方法如下:

(1)周期注水时间。周期注水时间理论上取决于井底压力波动大小及在油、水井之间储层中完成压力重新分布的时间。一般认为注水时压力波从注水井井底开始传播,经过一段时间传播到油井井底,油井开始见效,这段传播时间在矿场称为见效时间,在砂岩油藏中注水时间为地层中完成压力重新分布的时间 t(即半个周期的时间长短,单位 d),由下式确定:

$$t = \frac{5.787L^2}{2X} \tag{3-1a}$$

$$X = \frac{K}{\mu\varphi C_t} \tag{3-1b}$$

式中 t——同期注水时间,d;

   L——前缘推进距离,m;

   X——未注水时地层平均导压系数;

   K——地层渗透率,$10^{-3}\ \mu m^2$;

   μ——原油黏度,mPa·s;

   C_t——地层岩石孔隙和流体的综合压缩系数,MPa^{-1};

   φ——油层岩石的平均孔隙度。

  碳酸盐岩缝洞型油藏由于储集体缝洞组合的特殊性和复杂性,流体流动十分复杂,同时部分参数不能确定,压力传导的时间难以按砂岩油藏的方法计算,可通过示踪剂监测结果近似确定压力重新分布的时间。

  示踪剂监测曲线一般呈波形(图 3-11),按阶段一般分为三个节点,即突破时间、峰值时间、衰竭时间。假设油井示踪剂背景值稳定,则示踪剂浓度反映了采油井井口当日注入水的流量,也反映了压力向采油井传导的情况。示踪剂峰值时间近似等于通道内压力传导达到峰值的时间。当主、次通道的压力达到平衡后,注水的波及范围也达到最大值,此时需停注使波及区向主通道驱油。如果通过地质、生产动态等认识分析水窜风险较小,为兼顾采油速度及平衡时间,初期可在峰值时间的基础上略微延长注水时间。

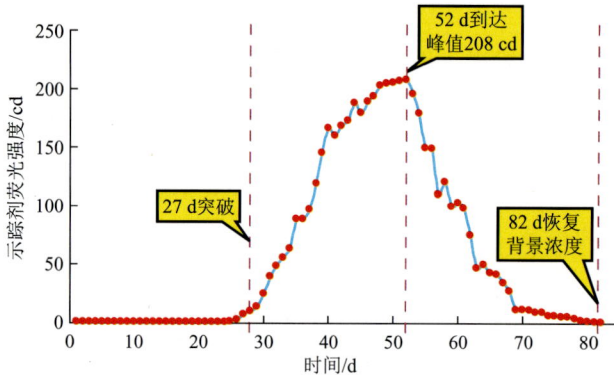

图 3-11 TH10301CH—TH10304 井组示踪剂响应曲线

  (2)周期停注时间。示踪剂衰减程度在一定程度上代表了水流通道压力下降程度,周期停注时间宜大于示踪剂由峰值浓度衰减至背景浓度的时间,同时根据受效井压力、含水、产液、液面高度等变化情况辅助确定停注时间。

  (3)日注水量。日注水量不宜过大,采取温和注水的原则。同时在保证周期注采比小于 1 的前提下根据注停时间比、水窜风险大小将初期日注采比控制在 0.5~1 的范围内,注水速度必须稳定。

  随着累计注水量的增多,主通道水相越来越连续,注采井动态响应越来越快,水窜风险越来越大,原油由波及带向主通道聚集的速度越来越慢,水驱油需要的时间越来越长,因此周期注水时间宜逐渐下调,停注时间宜逐渐上调,日注水量逐渐下调,采用短注长停的方式。其中示踪剂突破时间越短,波峰跨度范围越窄,峰值浓度越大,示踪剂上升速度越快,说明流动通道非均质越严重,水流优势通道越明显,水窜风险越大,需及时调整注水频次和幅度。

3.4　非对称不稳定注水应用实例

本小节将连续注水效果分析和对称性周期注水效果分析作为非对称不稳定注水效果的对比分析案例,体现非对称不稳定注水增油量的高效性和增油吨油耗水量的经济性。

1) 连续注水效果分析

T705 单元位于塔河八区西部,单元累产液 46.022 7×10⁴ t,累产油 33.754 0×10⁴ t,综合含水 26.6%,截至 2012 年 6 月底,采出程度 5.61%。T705 井于 2005 年 7 月 21 日开始实施单元试注水,日注水量 700 m³/d,注采比 5,注水 7 d 以后 TK826 井受效明显,油压由 9.3 MPa 上升到 10.6 MPa,日产液量由 139.4 t/d 上升到 160.5 t/d,动态响应明显。2005 年 9 月 6 日开始正式注水,日注水量低至 200 m³/d,日注采比 1.3,注水采用连续注水的方式,初期 TK826 井油压、产液平稳,2006 年 4 月 5 日含水突然上升,油压由 9.5 MPa 快速下降到 1.8 MPa,日产油量由 160.3 t/d 下降到 13.8 t/d,出现暴性水淹,注水 7.092 9×10⁴ m³后失效。从注水受效至失效,TK826 井累积产油量 41 572 t,累积增油量 0.670 2×10⁴ t,有效期 267 d,增油吨油耗水 10.6 m³。注采曲线如图 3-12 所示。

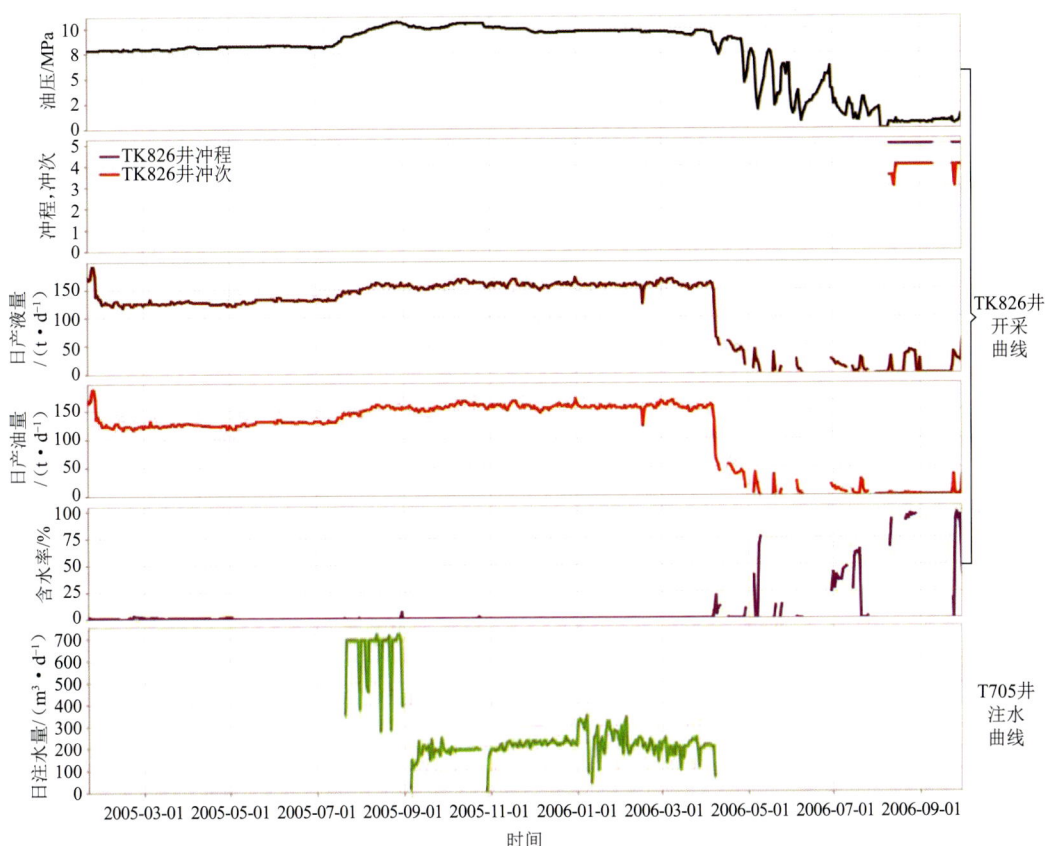

图 3-12　T705—TK826 井组注采曲线

从图 3-12 可知,试注水阶段日注采比过大,加速形成优势通道;采用连续注水的方式且注采比大于 1 时,在储集体内形成注入水连续相,进而造成水窜;连续注水虽然见效快,且初期增油可观,但油井快速水窜,整体注水效果较差。

2）对称性周期注水效果分析

S86 单元位于塔河八区西部,单元累产液 84.958 4×10⁴ t,累产油 66.353 2×10⁴ t,综合含水 21.9%,截至 2012 年 6 月底,采出程度 4.30%。TK836CH 井于 2011 年 3 月 9 日开始实施单元试注水,日注水量 100 m³/d,日注采比 2.1,注水 8 d 后 S86 井受效明显,油压由 0.9 MPa 上升到 4.6 MPa,油井自喷,日产液量由 16.7 t/d 上升到 44.4 t/d。2011 年 5 月 26 日由于注水效果变差,转对称性周期注水,日注水量 60 m³/d,日注采比 1,注水周期为注 20 d 停 20 d,2011 年 8 月 6 日下调日注水量为 40 m³/d,注水 3 周期后含水率由 75%下降到 21%,日产油量由 8.5 t/d 上升到 25 t/d。经过一段时间生产后,效果逐渐变差,含水率上升至 77%。截至 2012 年 6 月底累积注水量 15 354 m³,从注水后 S86 井受效至 2012 年 7 月累积产油量 0.874 9×10⁴ t,累积增油量 0.553 14×10⁴ t,有效期 482 d,增油吨油耗水 2.8 m³。井组注采曲线如图 3-13 所示。

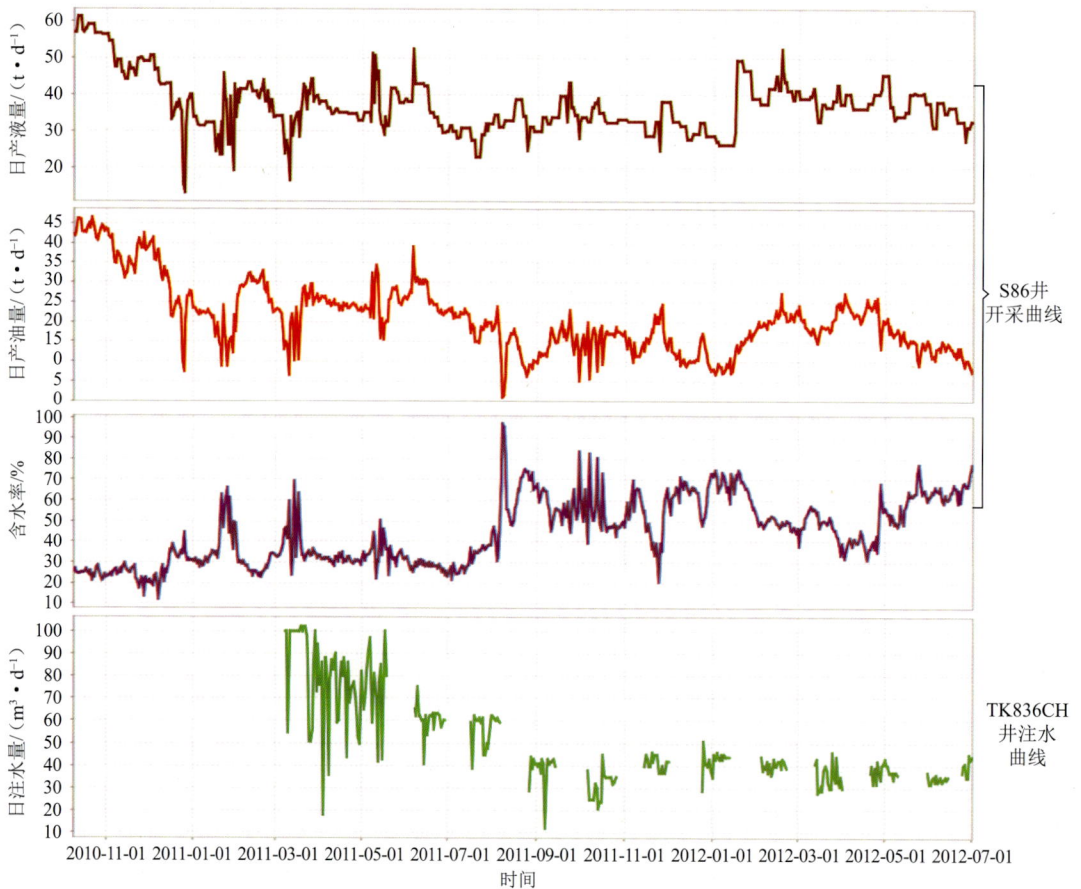

图 3-13　TK836CH—S86 井组注采曲线

从图 3-13 可知,对称性周期注水相比常规注水有较明显改善注水效果的作用,但有效期较短;周期注水越早,实施效果越好。

3) 非对称不稳定注水效果分析

T740 单元位于塔河十区南部,单元累产液 53.275 1×10⁴ t,累产油 48.543 9×10⁴ t,综合含水 8.9%,截至 2012 年 6 月底,采出程度 9.03%。TH10304 井下部鹰山组为水层,上返酸压投产 3 年后井筒附近原油减少,底水逐渐上升,油井高含水。为达到注水驱替井间剩余油的目的,2009 年 12 月 27 日开始对邻井 TH10301CH 井实施单元注水,TH10304 井含水快速下降,动态响应明显。为确定合理注水周期,2010 年 4 月 19 日在 TH10301CH 井注入示踪剂,对 TH10304 井进行示踪剂监测。示踪剂监测结果显示注水后 27 d 示踪剂突破,52 d 后进入峰值区,峰值浓度 208 cd,82 d 后示踪剂浓度衰减至背景浓度(图 3-14)。根据示踪剂峰值时间,同时考虑增强井间原油驱替,初期周期注水时间定为 60 d,根据示踪剂衰减时间周期停注时间定为 30 d。由于 TH10304 井初期供液较充足,日注采比定为 0.8,日注水量为 50 m³/d,周期注采比为 0.55。后期根据 TH10304 井产液、含水、油压和套压情况,逐步下调注水时间为注 45~50 d 停 25~30 d。随着 TH10304 井供液不足特征越来越明显,同时井组间动态响应时间越来越短,井间压力重新分布时间越来越快,2011 年 6 月以后在进一步缩短注水时间(注 30 d 停 10 d)的同时,上调日注采比为 1,日注水量为 70 m³/d,周期注采比为 0.8。调整后 TH10304 井产液趋于稳定。2012 年 1 月由于 TH10304 井含水整体上升趋势越来越明显,缩短注水时间为注 20 d 停 10 d,日注采比为 0.9,日注水量为 70 m³/d,周期注采比为 0.65。TH10304 井前期为油套合采,2012 年 4 月套管停喷后,配合改为掺稀生产,含水得到有效控制。井组注水参数调整如图 3-15 所示。

TH10301CH 井于 2009 年 12 月 28 日开始实施单元试注水,注水 3 d 后 TH10304 井受效明显,油压由 0.9 MPa 上升到 7.7 MPa,含水率由 82% 下降到 1.8%,日产油量由 13.6 t/d 上升到 67 t/d,确定受效后 TH10301CH 井于 2010 年 1 月 1 日停注。2010 年 5 月 16 日开始正式注水,日注水量 50 m³/d,日注采比 0.8,初期注 60 d 停 30 d,后期根据受效井 TH10304 产液含水变化逐渐下调周期注水时间,整体效果较好。截至 2012 年 6 月底,累积注水量为 3.217 7×10⁴ m³,TH10304 井注水受效至 2012 年 7 月累积产油量为 3.802 8×10⁴ t,累积增油量为 2.555 2×10⁴ t,有效期 921 d,吨油耗水 1.3 m³。井组注采曲线如图 3-14 所示。

对以上三种注水方式效果进行对比,结果如图 3-16 所示。结果表明,常规注水的吨油耗水量很大,增加了开发成本;非对称不稳定注水的吨油耗水比对称性周期注水和常规注水的都小,且累增油和有效期都是最高的。因此,相对于常规注水和对称性周期注水,不管是注水成本还是增油效果,非对称不稳定注水都有十分明显的优势。

TK825 单元位于塔河八区东部,单元累产液 5.644 6×10⁴ t,累产油 3.599 8×10⁴ t,综合含水 36.2%,截至 2012 年 6 月底,采出程度 9.04%。TK825CH 井于 2012 年 3 月 14 日开始实施单元试注水,日注水量 200 m³/d,2012 年 3 月 30 日 TK860X 井含水下降,有明显动态响应,逐渐下调日注水量为 30 m³/d,2012 年 4 月 30 日进行示踪剂监测,如图 3-17 所示。

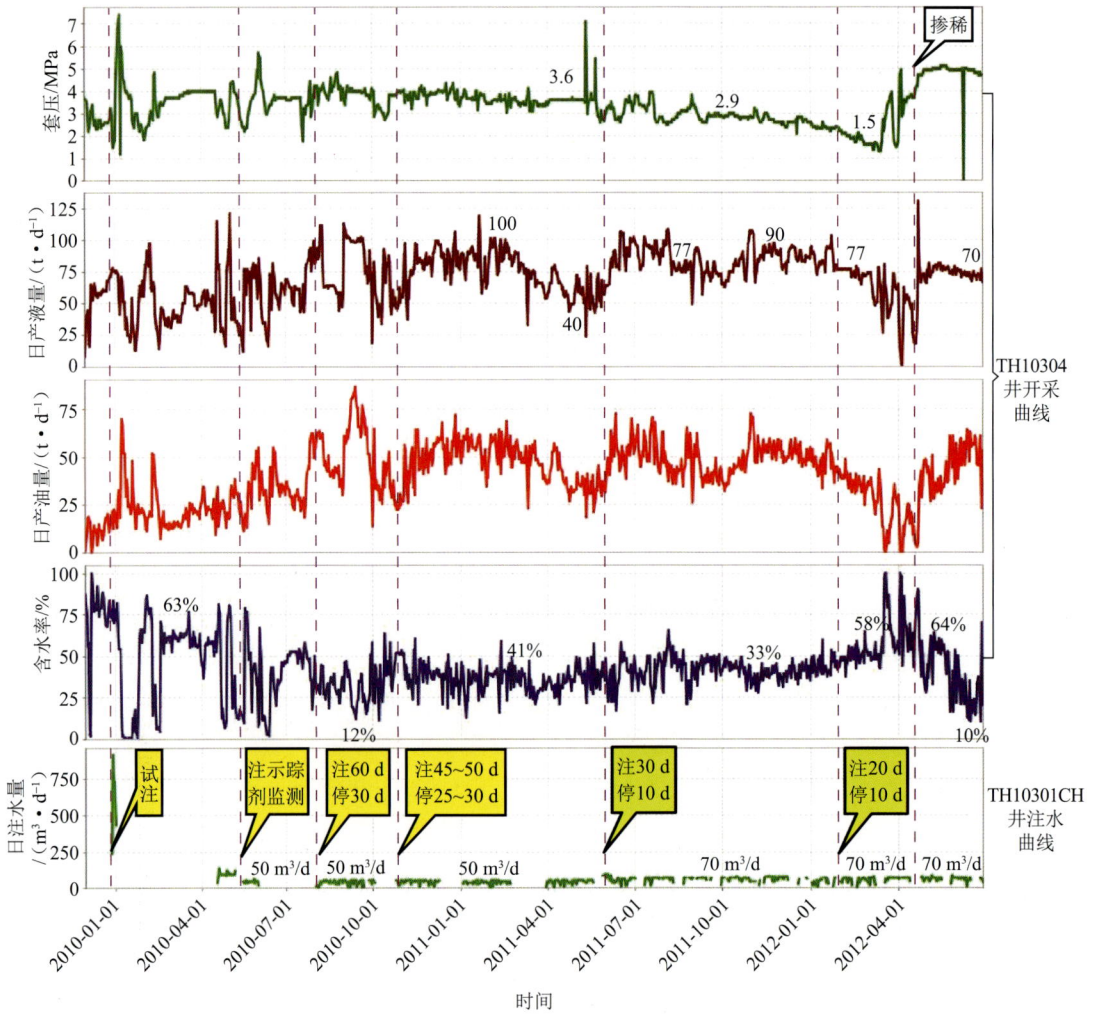

图 3-14　TH10301CH—TH10304 井组注采曲线

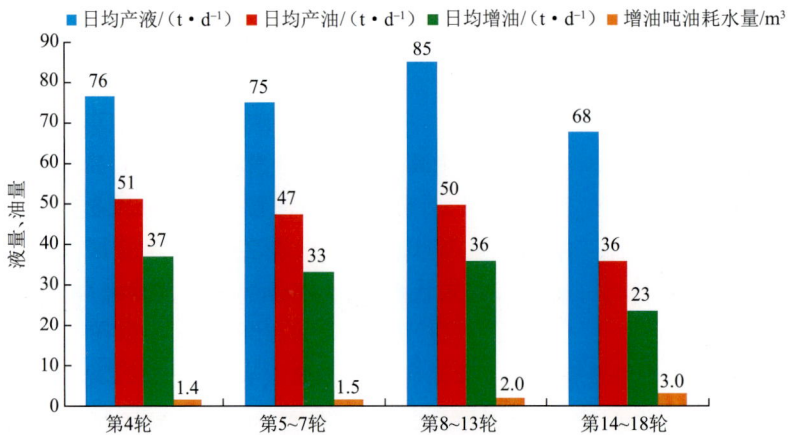

图 3-15　TH10301CH—TH10304 井组注采关系

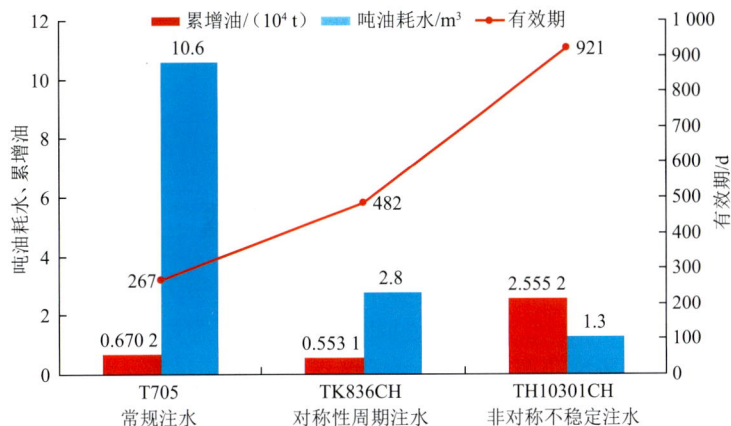

图 3-16　不同注水方式效果对比

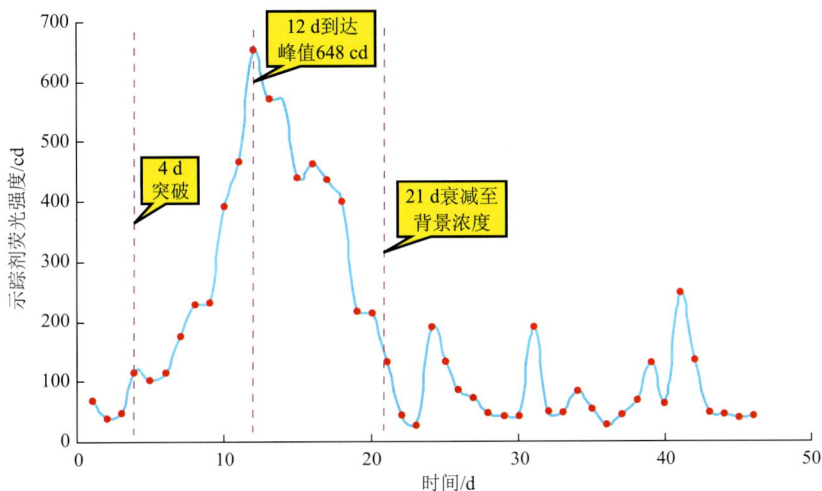

图 3-17　TK825CH—TK860X 井组示踪剂响应曲线

根据井组示踪剂响应曲线可以看出,波峰区跨度窄(12 d),峰值高(648 cd),上升速度快,井间通道流动性非均质极强,表明水流优势通道明显,流动阻力小,水窜风险高,宜密切跟踪受效井 TK860X 产液、含水变化,及时下调注水时间,上调停注时间。根据示踪剂峰值时间及衰减时间,初期注水周期定为注 15 d 停 5 d。经过两轮跟踪发现,虽然产液较为稳定,但含水较前期持续为高值。2012 年 6 月 19 日尝试上调停注时间,停注后含水呈明显下降,虽然产液量略有下降,但日产油量明显上升,说明前期注水期间已经形成水窜,应采取短注长停的方式防水窜,增加波及区向主通道驱油的时间,以取得较好的水驱效果,如图 3-18所示。

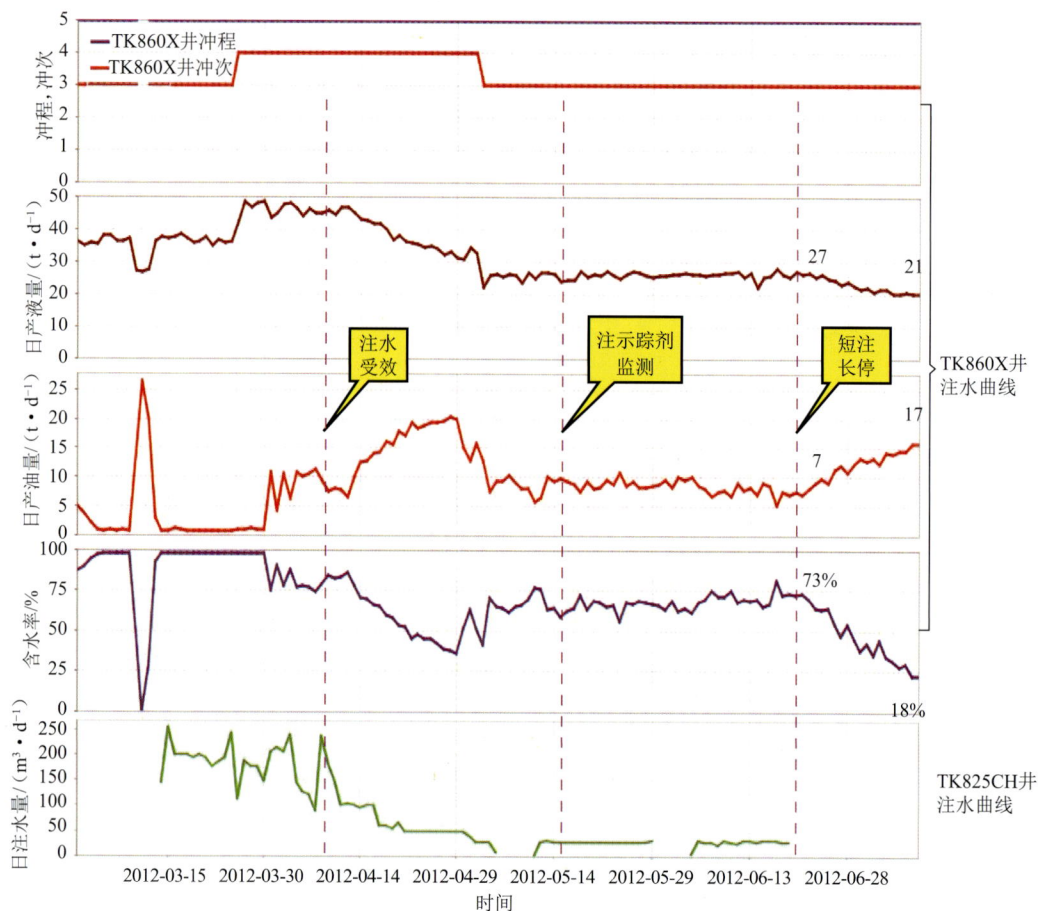

图 3-18　TK825CH—TK860X 井组注采曲线

从以上实例可知,开发实践表明非对称不稳定注水能够改善缝洞型油藏注水效果,是一种科学合理的注采方式,能够有效保证受效井供液及含水的稳定,实现受效井长期稳产。

非对称不稳定注水同样可以起到抑制底水锥进、防止水窜的作用。如图 3-19 所示,建立 TH10227 注水井与 TH10228 井连通关系,对连通路径上的剩余油进行驱替;TH10228 井油水界面抬升后,对 TH10227 井实施不稳定注水,抑制底水上升速度,可以看到 TH10227 井在 2019 年 9 月和 2020 年 4 月两次进行注水,TH10228 井含水率均明显下降,底水上升得到了有效控制,提高了连通路径上剩余油动用程度。

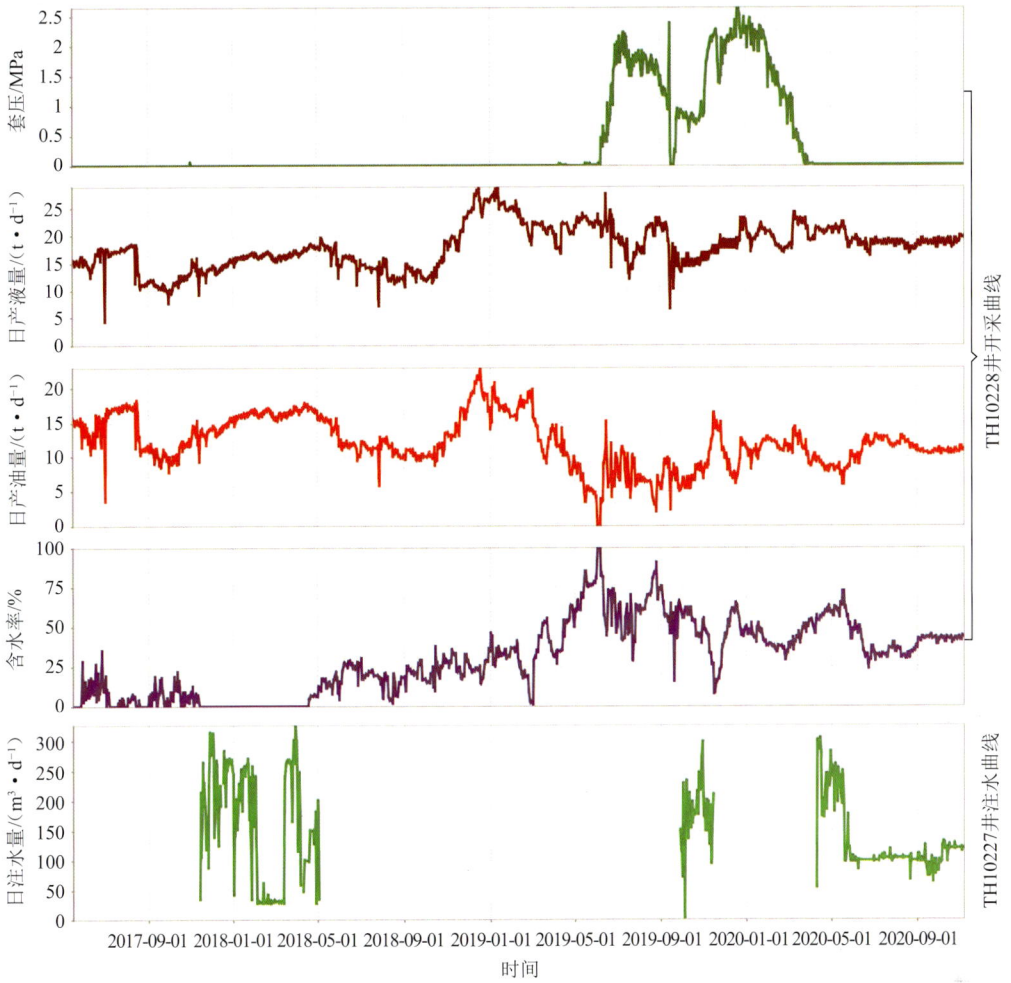

图 3-19　TH10227—TH10228 井组注采曲线

第 4 章
碳酸盐岩缝洞型油藏调流体势技术

流体势概念最早应用于描述油气生成、运移及聚集过程，指导油气资源勘探。结合缝洞型油藏油水动用不均衡问题，提出了开发流体势的概念。考虑缝洞型油藏储渗介质和流动模式，基于经典流体势理论，建立缝洞型油藏不同储层类型、不同开发阶段的开发流体势理论模型。明确流体总是从高势区流向低势区，并阐释模型中流体位能、压能、动能、界面能和黏滞力能的计算方法，编制了流体势二维、三维表征软件，实现流体势的定量表征。通过现场实践，形成缝洞型油藏流体势调控技术对策，确定了流体势的选井原则和流体势主控因素，建立了"提、控、引、扰"调控模式，形成了缝洞型油藏流体势调控政策，实现开发流体势调控有的放矢、有章可循。

4.1 缝洞型油藏开发流体势概念的提出

4.1.1 流体势定义

20 世纪 40—50 年代，M. K. Hubbert 用流体势概念阐述了地下流体（油、气、水）的运动规律。将单位质量流体具有的机械能量（Φ）定义为流体的势。Hubbert 描述的流体势由位能、单位质量压能和动能三项机械能组成，当地下流体流动速度较缓慢时，其动能忽略不计。M. K. Hubbert 提出的流体势概念将地层中普遍存在的毛细管压力忽略了。W. K. England 引用的流体势概念，考虑了毛细管力对流体运移的影响，将流体势定义为从基准点传递单位体积流体到研究点（地下地层环境）必须做的功[图 4-1（a）]；或者说，流体势为相对于基准面单位体积流体具有的总势能。影响地层孔隙流体总势能的主要因素为重力、弹性力、表面张力三种作用力。

当基准面取在地下某一深度[图 4-1（b）]时，流体势表达式分别为：

M. K. Hubbert 质量势

$$\Phi = gz + \int_{p_0}^{p} \frac{\mathrm{d}p}{\rho} + \frac{v^2}{2} \tag{4-1}$$

其物理意义为地下单位质量的流体相对于基准面所具有的总机械能。

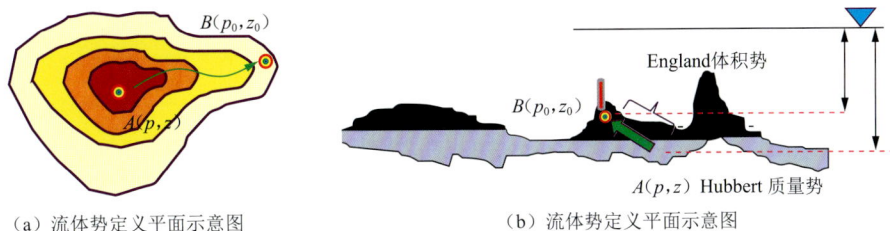

（a）流体势定义平面示意图　　　　　　（b）流体势定义平面示意图

图 4-1　流体势概念原理图

W. K. England 体积势

$$\Phi = p - \rho(p)gz + \frac{2\sigma\cos\theta}{r} \qquad (4\text{-}2)$$

式中　Φ——流体势,J;

g——重力加速度,$\mathrm{m/s^2}$;

z——地层中某点 A 到基准面的距离,m;

p——地层流体压力,Pa;

p_0——基准面的地层流体压力,Pa;

$\rho(p)$——流体密度随压力变化的函数,$\mathrm{kg/m^3}$;

σ——界面张力,N/m;

θ——润湿角,(°);

r——A 点处岩石孔隙毛细管半径,m。

式(4-2)物理意义为单位体积流体从原始位置运移到地下某点(如井底)所做的功。

由上可知,与 M. K. Hubbert 提出的流体势包含项相比,W. K. England 提出的流体势由位能、压能和界面势能组成。只有当储层孔隙较大,毛细管力对流体势影响忽略不计时,M. K. Hubbert 势与 W. K. England 势二者才基本相当,数值上二者之间相差一个系数 ρ^0。实际应用中,第一项位能数值很大,第二项和第三项数值均较小,利用三者之和获得的流体势,其结果是位能的较大数值掩盖了压能和界面势能的影响。

England 的体积流体势模型综合了高程、地层压力和毛细管力的影响,表征了油气垂向和侧向运移的动力体系,同时考虑了与岩石物性参数相关的毛管压力的影响,对油气运移过程中的宏观和微观过程进行了定量描述(图 4-2)。

相对于 Hubbert 质量势,England 体积势首次给出了地层中油势和水势的计算方程:

$$\Phi_{\mathrm{p}} = \Phi_{\mathrm{w}} + (\rho_{\mathrm{w}} - \rho_{\mathrm{p}})gz + \frac{2\gamma}{r} \qquad (4\text{-}3)$$

England 体积势在流体势 Φ 基础上,提出了油势(Petroleum Potential)Φ_{p} 和水势(Water Potential)Φ_{w},并推导了油势与水势的数学关系。初步确定流体势梯度影响因素有水压变化、密度差异、沉积岩压实和毛管力作用,并提出了用毛细管数、雷诺数、Bond 数等无因次准数来评价各种力的作用。除此之外,England 体积势研究对象由 Hubbert 质量势的"单位质量"流体微团变为"单位体积";量纲统一,如达西定律的单位 m/s,其实质就是 $\mathrm{m^3 \cdot m^{-2}/s}$,流体势国际单位为 Pa 或 J/m;假设单相为不可压缩流体,其单位质量与单位体积成正相关;两相流体质量与单位体积受饱和度影响,连续介质流体力学发展起来后,研究对象为控制

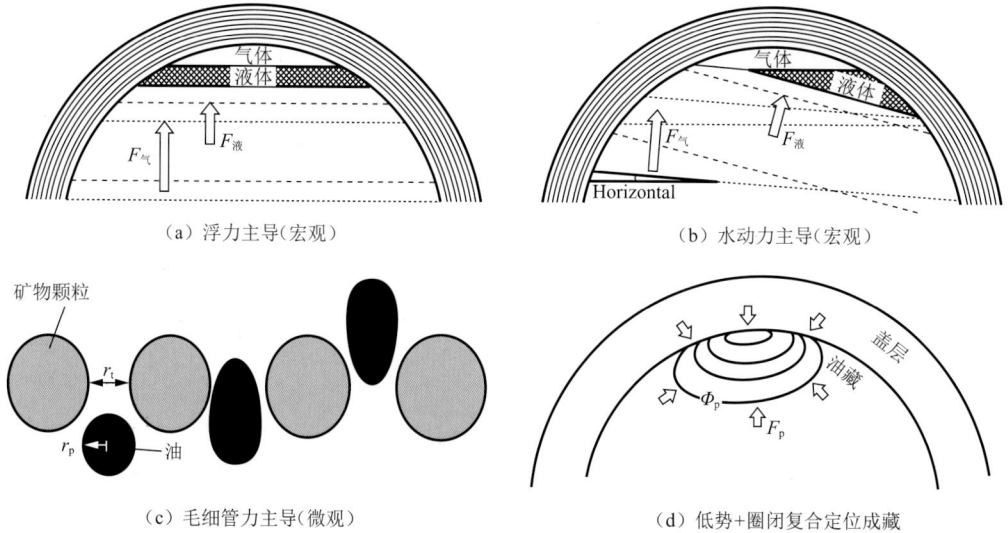

（a）浮力主导（宏观）　　　　　　（b）水动力主导（宏观）

（c）毛细管力主导（微观）　　　　（d）低势+圈闭复合定位成藏

图 4-2　构成流体势主要力项及成藏机理示意图

单元体（Control Volume），方便将数学知识引入流体势研究中来。因此，England 流体势在石油地质及油田开发领域中获得了越来越广泛的应用。

4.1.2　流体势理论应用领域

流体势理论应用领域主要包括以下方面：

（1）石油地质学。油气运聚特征、输导体系分析及运移路径预测（含潜山油藏）。

（2）资源勘查工程。基于相势复合定位油气藏类型分析及有利勘探目标区预测。

（3）油气开发工程。砂岩油藏优势渗流通道识别、剩余油定量定位评价及水动力挖潜对策制定。

（4）煤层气开发。基于流体势理论的煤层气开发模式及气井产能主控因素分析。

油田开发过程中油气采出和剩余油的形成是油气运移聚集成藏的反过程，本质上同样遵循由高势区向低势区流动的基本规律。从时空尺度、流动模式及驱动力等方面对比了油气运移和油藏开发阶段的异同，明确了油田开发阶段缝洞型油藏流体势的基本特征。表 4-1 为石油地质与石油开发过程中流体运移特征对比表。

表 4-1　石油地质与石油开发过程中流体运移特征对比表

类　别	油气运移流体势	油藏开发流体势
作用时间/空间差异	10^+ Ma/100^+ km	10 km/(20 a)
流动速度	8×10^{-10} m/s 烃源岩排烃速率	缝洞型储层内压力梯度大，流速高
主要力项	浮力、压力、水动力、毛细管力	浮力、压力、水动力、惯性力、毛细管力
储集空间	泥岩/砂岩孔隙-喉道空间	孔、缝、洞多种介质

续表 4-1

类　别	油气运移流体势	油藏开发流体势
流体性质	油、气等可压缩流体	油、水等不可压缩流体
流动模式	达西定律	多种流动模式耦合(缝洞型)
扩散作用	烃源岩一次运移及圈闭内有意义 [Ma/(1 000 m)产生影响]	开发时间尺度内可以忽略
驱油动力	烃源岩排烃、浮力	水动力、天然能量/人工补充
相同之处	油藏各空间点之间流体势差是油水等流体流动的驱动力——由高势区流向低势区	

由表 4-1 可以看出,在与二次运移相关的时间尺度上,重力和毛细作用力之间的平衡(即键数)绝大多数控制着烃流的轨迹和特征。在这些低流速下,黏性力可以忽略不计。油田开发过程中,由于烃类流体在 20~30 年内采出,特别是通过人为的注入水或者气体进行强化驱油,所以油藏条件下流体流动速度明显增大,此时流体所具有的动能显著大于油气二次运移的动能项;与之相反,由于油田开发时间尺度远远低于油气运移时间尺度,所以油田开发过程中烃类流体的扩散作用可以忽略。除此之外,缝洞型油藏储渗空间包括孔隙、裂缝和溶洞多重介质,因此其运动模式除了经典达西定律之外,还包括 N-S 自由流等多种流动耦合模式。缝洞型油藏开发流体势相当于石油地质领域中的流体势,其内涵更加丰富,需要综合岩溶结构、储层类型和流体力学等多学科知识开展系统研究。

图 4-3 为缝洞型油藏流体微团受力示意图。缝洞型油藏储集体离散分布、非均质性强,其储渗介质和受力状况与相对连续、以粒间孔隙为主的碎屑砂岩明显不同[图 4-3(a)]。流体微团在运动过程中,宏观上主要受浮力、压力和水动力(注水驱动、天然水侵)合力作用,由图 4-3(b)可以看出,通过人为改变注入介质(水、气)和注入强度,可以调控流体微团合力 F_p 的方向及大小,从而实现对油藏开发过程中流体运动的调控。流体微团微观上受毛细管力产生的界面能影响,该能量控制了孔隙-裂缝-溶洞含油性变化。

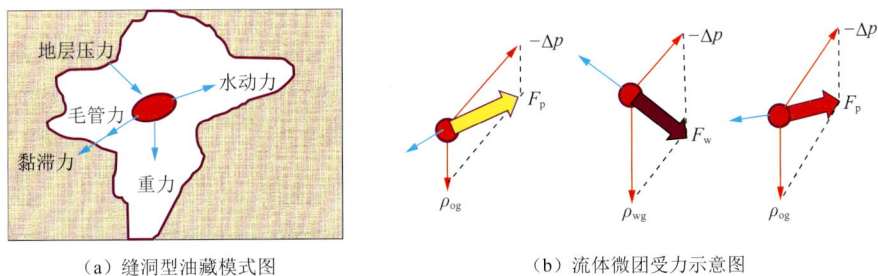

(a)缝洞型油藏模式图　　　　　(b)流体微团受力示意图

图 4-3　油藏流体受力分析示意图

综上所述,根据伯努利原理及牛顿力学定律,通过分析缝洞型油藏开发过程中单位体积流体(即流体微团)受力状况,可推导建立考虑不同储集介质和流动模式的动量守恒方程、质量守恒方程和能量守恒方程,从而研究适合缝洞型油藏多尺度、多类型、多流态及不同开发方式特征的流体势理论模型及计算方法,为缝洞型油藏均衡开发、综合调控提供理论依据。

4.1.3　缝洞型油藏开发流体势概念

相对于碎屑岩储层石油地质领域流体势,缝洞型油藏开发流体势特点如下:① 时间尺度更短,流体运移压差更大,流体质点在地层中流动速度更快;② 界面能在不同开发阶段、不同储层类型和不同注入介质下发挥作用显著不同;③ 储渗介质高度离散,沿程损耗和局部损失更大,特别是缝-洞结构转化位置,由于断面变化,局部损失更大;④ 断控岩溶等垂向运移跨度大于层状分布的碎屑砂岩储层;⑤ 孔、缝、洞多种储渗介质,流体质点流动模式复杂多样(图 4-4)。根据经典的 Hubbert 质量势和 England 体积势基本定义,研究首次提出了缝洞型油藏开发流体势的概念。

定义 1:缝洞型油藏开发流体势是指原油开发过程中,油藏内单位体积流体相对于基准面所具有的总机械能(以 Hubbert 理论为框架)。

定义 2:缝洞型油藏开发流体势是指油田开发过程中,相对于基准面单位体积流体从原始位置运移至井底处所做的功(以 England 理论为框架)。

该流体势受流体位置、速度、压力、流体性质及局部地质构造影响,缝洞型油藏流体在流动过程中满足能量守恒和质量守恒,其单位为 J/m^3 或 Pa。

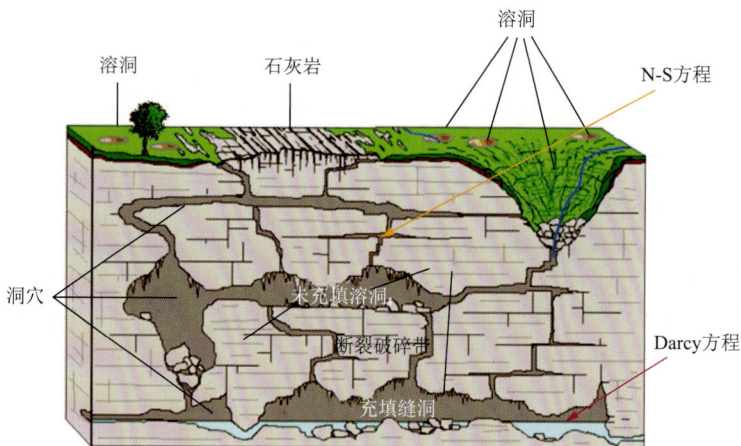

图 4-4　缝洞型油藏岩溶系统及储集空间模式图

4.1.4　缝洞型油藏流体动力学及流体势特征

缝洞型碳酸盐岩油藏储集空间类型多,有效储集体空间分布随机,以溶洞和大型裂缝为主要储渗空间,渗流和自由流乃至湍流等多种流动模式复合出现,该类油藏流动模式及开发方式与碎屑砂岩油藏明显不同。其一,油藏流体流动模式复杂及流体流速不同。相同生产压差下,缝洞型油藏未充填洞穴和岩溶管道内流体流速明显高于以孔隙为主的碎屑砂岩油藏,尤其在充填程度较低的洞穴型储层近井区域,流体流速高,在运动方程中惯性力不可忽略。其二,由于缝洞型油藏存在大型未充填洞穴、大型酸压裂缝和裂缝-孔隙储层等多种储渗介质,流体在不同介质中所遵循的流动模式显著不同。以表征流体惯性力与黏滞力比值的雷诺数作为判别标准,将裂缝-孔隙型储层、大型酸压裂缝和未充填洞穴划分为不同的流动模式(表 4-2)。储集体内溶洞洞径和裂缝开度远大于砂岩喉道内径,根据毛细管力方程可知,缝洞型油藏内部毛细管力很小,因此界面系统对多相流体流动的影响低于中低渗透碎屑砂岩油藏,尤其是当油田处于天然能量驱动的弹性开发初期,天然水侵尚未发生时,地层内单相流动,此时界面能可以忽略。其三,碎屑砂岩油藏有效储层空间分布稳定、相对均质,且储层呈层状分布,该类油藏纵向上以开发层系为基本单元,平面上以面积井网和切割井网等相对规则的井网系统为主。而缝洞型油藏没有传统意义上"油层"的概念,含油储集体在奥陶系内离散分布,储层预测难度大。由于洞穴、溶蚀孔洞及裂缝等储集空间多样,因而储层非均质性极强。该类油藏以缝洞单元为基本开发对象,以地震反演及缝洞雕刻的串珠状"甜点"作为靶点,以点状非规则布井为主。相对于碎屑砂岩油藏,缝洞型油藏开发井网欠完善,井控储量低,井间通道及水侵路径识别难度大,尤其是油井见水后产量锐减,调控治理手段有限,一次和二次采收率较低。

表 4-2　缝洞型油藏与碎屑砂岩油藏流动模式及开发方式对比

油藏类型	储层类型	储渗空间	流动模式	简化条件	开发层系	井网系统
碎屑砂岩油藏	碎屑砂岩	粒间孔隙、喉道	达西和低速非达西渗流模式	惯性力可忽略,界面效应明显	储层呈层状分布	规则面积井网形式
缝洞型碳酸盐岩油藏	缝洞型碳酸盐岩	洞穴、溶蚀孔洞、裂缝等	裂缝-孔隙型储层为达西渗流,大型酸压裂缝为 Forchheimer 高速非达西渗流,未充填洞穴为 Navier-Stokes 自由流	流体流速高,惯性力不可忽略	以缝洞单元为基本开发对象	以甜点为靶点的非规则井网形式

以雷诺数作为划分界限,确定缝洞型油藏不同储层类型中流体流动模式,在不同介质中各项能量(动能、黏滞力能、压能等)各有侧重,见表 4-3。

表 4-3　缝洞型油藏不同储层类型流动模型及特点

储层类型	平均尺寸	R_e	流动模型	考虑因素
未充填洞穴		$50 < R_e < 200$	$\rho \boldsymbol{u} \nabla \boldsymbol{u} = \nabla[-p\boldsymbol{I} + \eta(\nabla \boldsymbol{u} + (\nabla \boldsymbol{u})^{\mathrm{T}})] + \boldsymbol{F}$ $\nabla \boldsymbol{u} = 0$	考虑了流体静压能、动能和势能平衡;以流体动能为主,不考虑渗流阻力项
酸压裂缝/深大断裂		$10 < R_e < 50$	$(\eta/k)\boldsymbol{u} = \nabla[-p\boldsymbol{I} + \eta(\nabla \boldsymbol{u} + (\nabla \boldsymbol{u})^{\mathrm{T}})] + \boldsymbol{F}$ $\nabla \boldsymbol{u} = 0$	考虑黏性流体的剪切应力及其引起的能量耗散,不考虑渗流阻力项
角砾岩充填洞穴		$1 < R_e < 10$	$-\nabla \boldsymbol{\Phi}_a = \dfrac{\mu_a}{k \, k_{r\alpha}} v_a + \beta_a \rho_a v_a \mid v_a \mid$	考虑了流体在洞穴充填孔隙和裂缝中流动的总动能

储层类型	平均尺寸	R_e	流动模型	考虑因素
裂缝-孔隙型储层		$R_e < 1$	$u = -\dfrac{k}{\eta}(\nabla p + \rho g z)$	考虑了流体静压能、动能和势能平衡;以流体动能为主,不考虑渗流阻力项

与碎屑岩储层相比,缝洞型储渗介质多样、储集体空间分布离散、流动模式及开发方式具有显著时空差异性,有必要提出考虑缝洞型油藏地质开发特征的流体势概念及计算方法,丰富发展开发流体势内涵和外延,为缝洞型油藏综合调控提供理论依据(表 4-4)。针对缝洞型油藏地质开发特征的流体势理论模型、表征形式及其应用情况尚处于起步阶段,从基础理论、计算方法和表征方式均需开展深入、系统的科研攻关。

表 4-4 碎屑岩和缝洞型油藏流体势研究现状对标评价表

	碎屑岩	碳酸盐岩
地质特点	存储空间发育比较均匀	存储空间具有明显的多样性、多尺度特征、严重非均质性
流动特征	速度表达式为达西定律,在低渗透碎屑砂岩储层各项要素计算方法中简化处理	多种流态并存:达西流、非达西流以及空腔流
主要方程	$\Phi_p = p - \rho_p g z + \dfrac{2\gamma}{r}$	没有确立明确的流体势模型 不同岩溶系统多种模式共存,宋传真博士做了有益探索 各项要素构成、关键参数取值、计算方法尚需进一步深化
表现形式	二维流体势平面、剖面 三维流体势模型 流体势线未见发表	均需发展完善
应用情况	流体势主要在油气勘探研究中,应用在油藏开发中应用较少	缝洞型碳酸盐岩油藏勘探、开发中系统应用的文章未见公开报道

通过流体势理论发展历程不难看出,从 20 世纪首次提出流体势概念至今的半个世纪里,流体势主要在石油地质学领域中的碎屑岩油气藏油气二次运移得到了广泛应用,在油气聚集成藏潜力评价、有利靶区勘探方面取得了成功应用。流体势在碳酸盐岩油藏,尤其是碳酸盐岩油藏开发过程中的理论、方法及应用实践鲜见公开报道。根据流体势的基本概念可知,流体势差是决定缝洞型油藏油水流动方向与速度的本质因素。通过量化计算不同缝洞系统、不同开发时刻地下流势大小,研究流势分布规律,为注采调控、均衡流场提供理论依据。

图 4-5 为缝洞型油藏岩溶模式及流体微团受力分析图,岩溶相(静态宏观)主要包括岩溶系统、缝洞模式、油水分布,储集层(静态微观)为储渗条件、储层类型、含油气性,流体势(动态平衡)主要由水动力、浮力、毛管力、摩擦力组成。在缝洞型油藏开发过程中,针对上

述三类要素因势利导、趋利避害,合理利用。鉴于缝洞型油藏地质特征、储层类型及流动模式的特殊性,流体势理论模型、计算方法及表征方式与碎屑砂岩明显不同,因此,要实现流体势理论与方法对缝洞型油藏开发决策及调整方法的有效指导,需要系统探索。

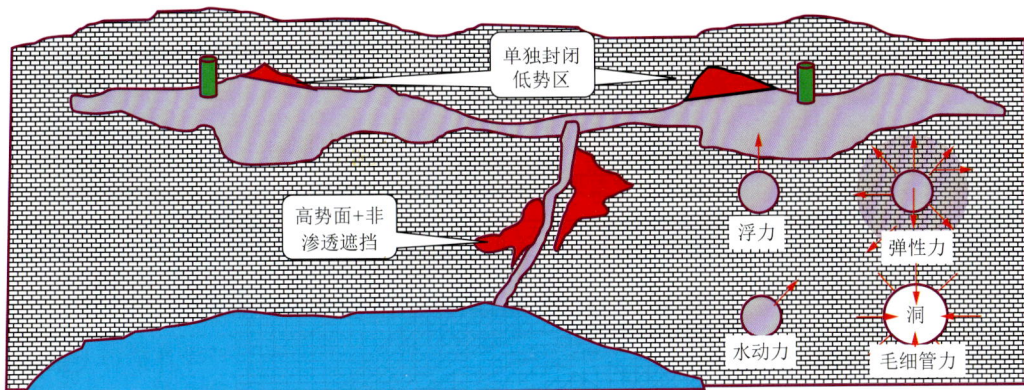

图 4-5　缝洞型油藏岩溶模式及流体微团受力分析图

4.2　开发流体势数学模型表征

4.2.1　缝洞型油藏能量系统

油藏开发前地层流体处于平衡状态,油藏能量最高。在油藏开发过程中,地层流体处于非平衡状态开始流动,在势差下,流体由高势区域流向低势区域。其中一部分油通过油井流到地面,另一部分聚集于低势区域形成剩余油(图 4-6 和图 4-7)。根据经典流体力学伯努利基本理论,油气水等流体从储层中被开发的过程是油气运移聚集成藏的反过程,即流体在开发过程中的运动规律及优势方向亦取决于空间流体势差。地层流体在势差作用下,由油藏远井区域流向井底产层段的过程中,流体遵循经典的三大守恒定律,即质量守恒定律、动量守恒定律和能量守恒定律。单位流体质点在欧拉力系中将受到重力、压力、黏滞力和在压差下运动产的惯性力的作用,如果油藏内部是油水两相乃至油气水三相共存,则流体质点将额外受毛管力作用。上述各项力系将使流体质点产生相应的各项能量,即位能、压能、动能、界面能、黏滞力能和流动损耗能量。

在油藏开发过程中由于地层流体流动因而不同能量之间存在相互转换,并且在流动过程中满足能量守恒。从总能量的角度来看,各种能量的数量级不同,所占比例不同,其中位能和压能的数量级较大,界面能和黏滞力能数量级较小;从能量转化和影响来看,起到影响作用的主要是能量差,即各部分能量的变化量。通过分析油藏系统具有的总能量来归纳油藏流体势变化情况,在油藏开发过程中,地层流体流动使不同能量之间存在相互转换,并且在流动过程中满足能量守恒,如图 4-8 和图 4-9 所示。

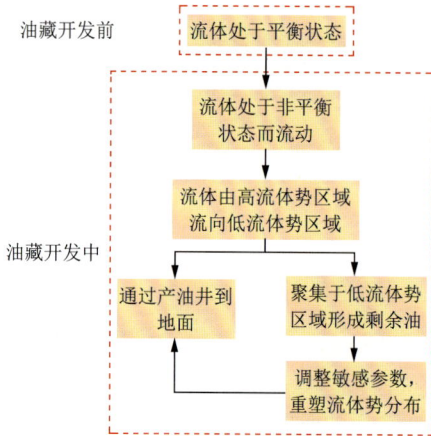

图 4-6　缝洞型油藏开发阶段图

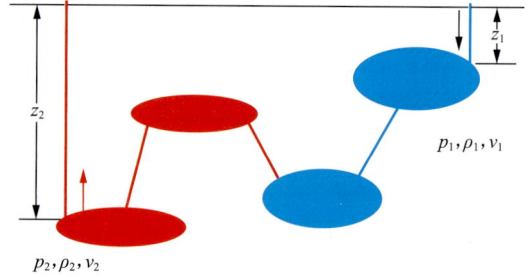

图 4-7　缝洞型油藏系统示意图

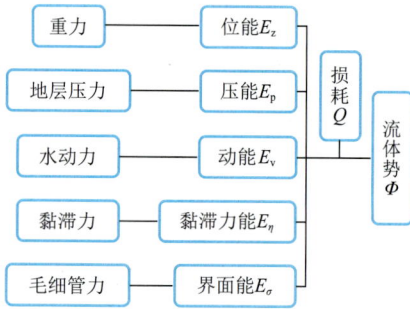

图 4-8　油藏开发流体势构成要素图

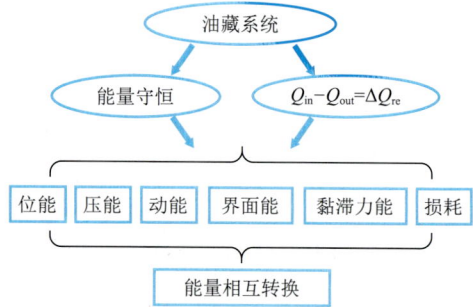

图 4-9　油藏开发流体势能量转换图

对于不可压缩性流体或可压缩性流体，当 $(p_1-p_2)/p_1<20\%$ 时，密度取平均密度，可应用伯努利方程来描述流体在流动过程中的能量守恒及转化。其中黏性流体的黏滞力引起能量损耗。

（1）整个油藏系统。

以单位体积流体为基准：

$$\rho_1 gz_1 + \frac{1}{2}\rho_1 v_1^2 + p_1 = \rho_2 gz_2 + \frac{1}{2}\rho_2 v_2^2 + p_2 + \sum Q_i \tag{4-4}$$

其中，$\sum Q_i$ 为能量损失，主要是在流动过程中流动阻力、黏滞力引起的能量损耗，最后转换成热损耗。

（2）局部地质构造。

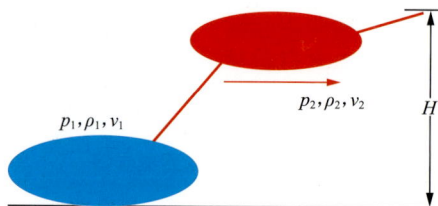

图 4-10　缝洞型油藏缝洞结构区域示意图

如图 4-10 所示,油藏系统满足质量守恒和能量守恒:

$$\rho_1 g z_1 + \frac{1}{2} \rho_1 v_1^2 + p_1 = \rho_2 g z_2 + \frac{1}{2} \rho_2 v_2^2 + p_2 + \sum Q_i \tag{4-5}$$

$$\rho_1 g H + \frac{1}{2} \rho_1 v_1^2 + p_1 = \frac{1}{2} \rho_2 v_2^2 + p_2 + \sum Q_i \tag{4-6}$$

通过上式化简可获得两点压力、流速以及能量损耗之间的关系式。

同一水平面上,不同横截面积的缝洞空间满足质量守恒和能量守恒(图 4-11)。

$$\rho S_1 v_1 \Delta t = \rho S_2 v_2 \Delta t \longrightarrow S_1 v_1 = S_2 v_2 \tag{4-7}$$

$$\frac{1}{2} \rho_1 v_1^2 + p_1 = \frac{1}{2} \rho_2 v_2^2 + p_2 \longrightarrow \frac{1}{2} v_1^2 + \frac{p_1}{\rho} = \frac{1}{2} v_2^2 + \frac{p_2}{\rho} \tag{4-8}$$

通过上式同样可以求出压力、速度之间的关系。

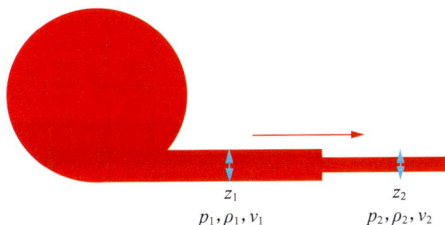

图 4-11　缝洞型油藏洞-缝转换处局部区域示意图

4.2.2　缝洞型油藏开发流体势数学模型

塔河油田缝洞型油藏主要储渗介质为裂缝和溶洞,具有很强的非均质性和多尺度性特征。流体在缝洞介质内受力状况及力学规律与常规碎屑砂岩储层明显不同,缝洞型油藏主力产层多为未充填溶洞段,开发过程中近井区域压力梯度大、流体流动速度快;油藏内部裂缝和溶洞发育复杂、连通方式多样,溶洞与裂缝等局部地质构造转换处由于开度的剧烈变化,对流体能量损耗较砂岩储层更加明显。遵循能量和质量守恒基本原则,针对油田开发过程中油藏单位体积流体进行受力分析可以看出,流体主要受到重力、压力、毛管力、界面张力和黏滞力作用。根据伯努利理论,将缝洞型油藏开发过程中油藏内单位体积流体相对于基准面所具有的总机械能称为开发流体势。以单位体积流体为对象,缝洞型油藏开发流体势理论数学通用模型为:

$$\Phi = \rho g z + \rho \int_{p_0}^{p} \frac{\mathrm{d}p}{\rho} + \rho \frac{v^2}{2} + \frac{2\sigma \cos\theta}{r} + \eta \frac{\mathrm{d}v}{\mathrm{d}y} + Q \tag{4-9}$$

式中　Φ——流体势,J;

　　　ρ——密度,kg/m³;

　　　g——重力加速度,m/s²;

　　　z——相对于基准面的埋深,m;

　　　p——压力,Pa;

　　　v——流体流速,m/s;

　　　σ——界面张力,N/m;

　　　θ——润湿角,(°);

  r——孔隙半径,m;

  η——黏滞系数,mPa·s。

  式中第一项为位能,第二项为压能,第三项为动能,第四项为界面能,第五项为黏滞力能,最后一项为能量损耗。

  在整个物理运移过程中,从总能量的角度来看,各能量所占比例不同;从能量转化的角度来分析,油藏开发的过程即能量转化的过程,不同开发阶段,缝洞型油藏的主控能量不同。在投入开发前,油藏主控能量为压能和位能,且对于整个油藏系统,能量处于平衡状态,无能量转化;在投入开发初期,主要为弹性开采阶段,油藏压能转化为动能、位能、界面能和黏滞力能;而随着开发的进行,油藏进入注水开发阶段,能量转化关系更为复杂,为动能、压能和位能的相互转化。缝洞型油藏开发流体势通式及能量转化过程如图 4-12、图 4-13 所示。

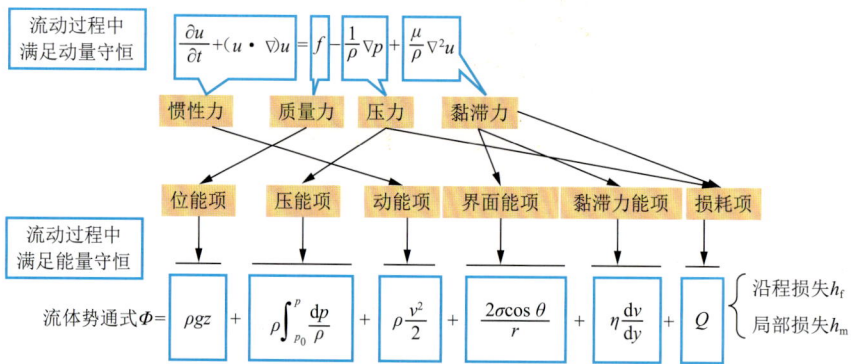

图 4-12　缝洞型油藏开发流体势通式

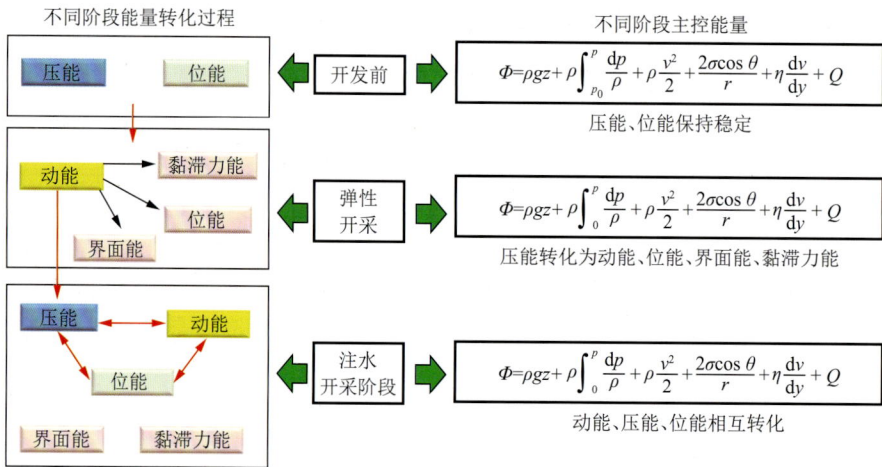

图 4-13　缝洞型油藏开发流体势能量转化过程

  从动量守恒、能量守恒和质量守恒基本定理来研究缝洞型油藏流体流动规律,为缝洞型油藏工程研究方法提供了新的思路。

4.2.3　开发流体势各项能计算方法

由开发流体势理论数学模型可知,缝洞型油藏流体势值是位能、动能、压能等各能量项的代数和。因此,如何准确计算各能量项值决定了流体势值。本书基于不同储层类型流动方程、流体性质、能量状况及产层深度,研究了流体势能各项能量的计算方法及取值范围。流体势表征参数物理意义及计算方法详细阐述如下:

(1)位能项指地下单位体积流体在重力作用下相对于基本面所具有的能量。对应地下油气来讲,埋深通常上千米,油藏厚度达上百米,以埋深 4 000 m、厚度 100 m 的油藏为例,油藏原油相对于地面具有的位能约 3.5×10^7 J,单位体积原油由油藏底部到顶部对应的位能变化量约为 8.673×10^5 J(图 4-14)。

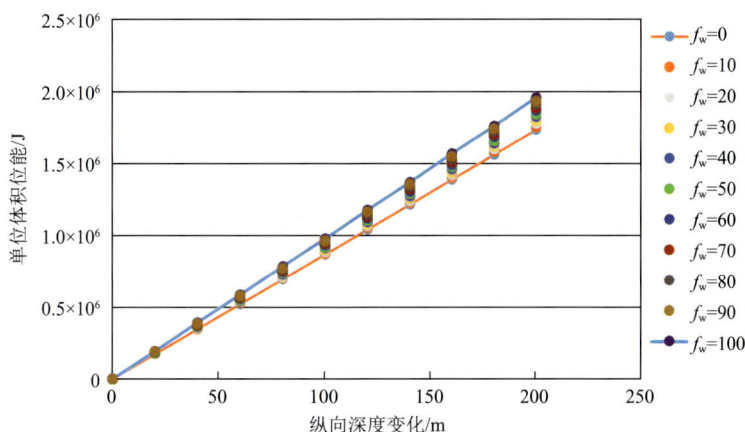

图 4-14　缝洞型油藏纵向深度位能变化量

(2)压能指单位体积流体内由分子的不规则运动对介质的压力所产生的能量。在油藏开发过程中,油藏压力是变化的,不同的压力对应的压能不同。以塔河油田十二区为例,原始地层压力为 71 MPa,目前地层压力为 63 MPa,则目前单位体积流体所具有的压能为 8 MPa·m³(8×10^6 J)。

(3)动能指单位体积流体流动过程中不同流速 v 时具有的能量。对于缝洞型油藏来说,由于溶蚀孔洞、裂缝是流体存储空间和运移通道,且伴随着充填现象,所以其动能计算不同于常规油藏。缝洞型油藏内部流体流速是达西渗流还是非达西渗流通常根据雷诺数来判断,当雷诺数 $Re \leqslant 2\,300$ 时,可认为满足达西渗流规律,即该雷诺数为临界雷诺数。

$$Re = \frac{2vb}{\mu} \tag{4-10}$$

式中　Re ——雷诺数;

v ——流速;

b ——开度;

μ ——流体黏度。

对于给定雷诺数的流动,裂缝开度与流体流速成反比。

如图 4-15 所示,流体流速与压力梯度之间的关系由存储空间的状况不同而不同。对于裂缝-孔隙型储层或充填型溶洞中流体流动模式，满足经典的达西渗流方程。对于大型酸压裂缝或深大断裂，流体呈现出高速非达西渗流规律，一般应用 Forchheimer 模型来描述其运动规律。对于表现出钻井放空或钻井液漏失量的未充填的洞穴来说，其内部流体为自由流，满足 Navier-Stokes 方程。

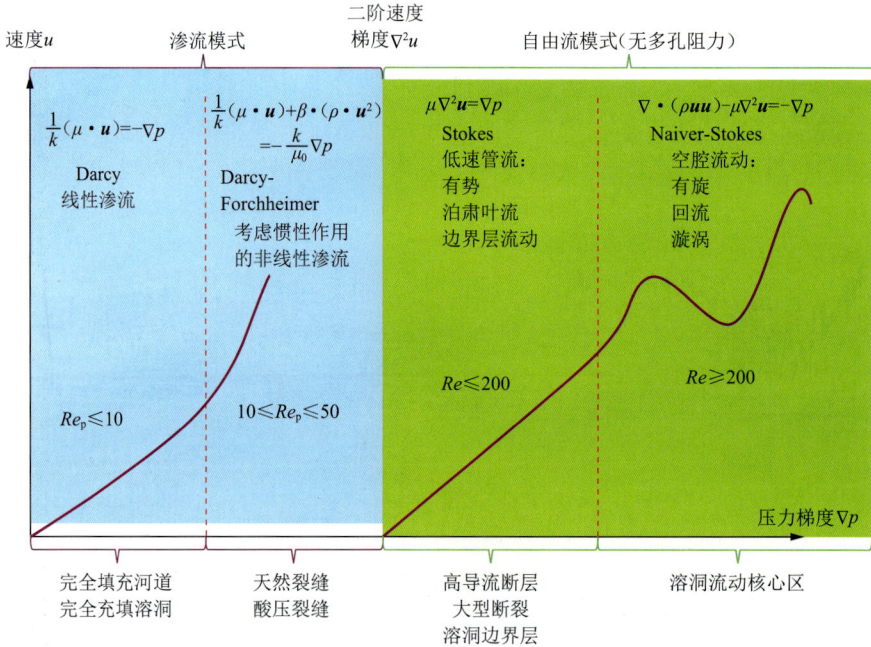

图 4-15　缝洞型储层不同储层类型内流体流动模式图

① 填充区域（渗流）。

$$v = -\frac{\kappa\kappa_{r_a}}{\mu_a}\nabla\Phi \tag{4-11}$$

② 大型酸压裂缝或未填充裂缝区域（渗流）。

Forchheimer 模型：

$$-\nabla\Phi_a = \frac{\mu_a}{kk_{r_a}}v_a + \beta_a\rho_a v_a \mid v_a \mid \tag{4-12}$$

③ 断裂或溶洞（自由流动）。

$$\begin{cases} \nabla^2 v_a = \nabla p \\ \Delta \cdot v_a = 0 \end{cases} \tag{4-13}$$

$$\frac{\partial^2 \Phi_a}{\partial x^2} + \frac{\partial^2 \Phi_a}{\partial y^2} + \frac{\partial^2 \Phi_a}{\partial z^2} = 0 \tag{4-14}$$

通过不同裂缝开度的临界渗流速度，对裂缝内的动能进行大致估计：以开度为 0.002 m 为例，雷诺数超过 10，其流态属于非达西流动。根据真实的流态估算的动能应该大于曲线上数值，即图 4-16 中橙色区域的动能更大。对裂缝内流体动能进行估算，可以判断流体在流动过程中动能的变化范围和对总流势的影响，以及能量转化的大小影响，如图 4-16 和图 4-17 所示。

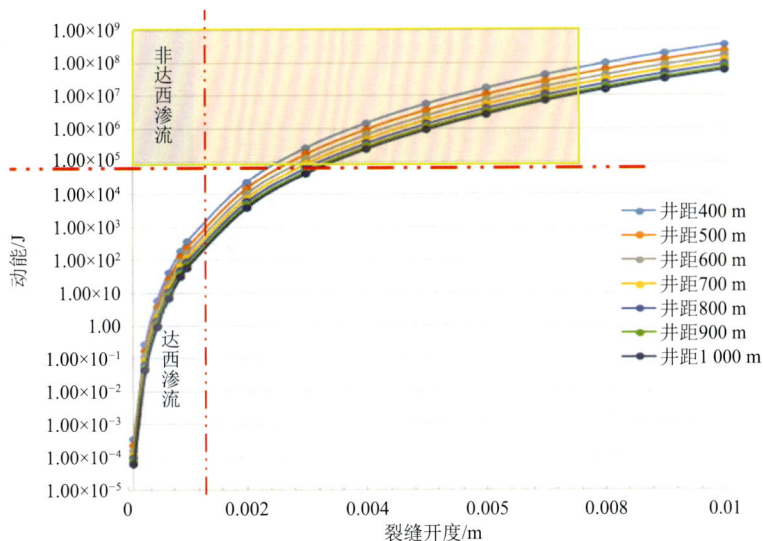

图 4-16 不同开度裂缝在不同压力梯度下的动能

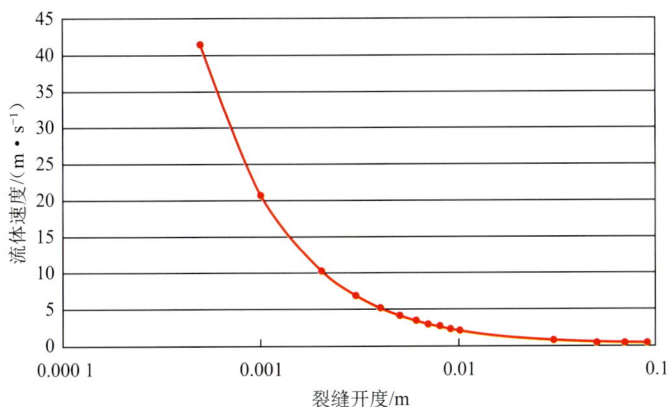

图 4-17 不同开度裂缝对应的达西渗流临界速度

生产井产出液密度为 $880 \ kg/m^3$,井筒半径为 $0.1 \ m$,则生产井不同日产水平下单位体积流体动能见表 4-5。

表 4-5 不同日产量水平下单位体积动能表

日产量/$(m^3 \cdot d^{-1})$	流速 v_1/$(m \cdot s^{-1})$	单位体积动能/Pa	流速 v_2/$(m \cdot s^{-1})$	单位体积动能/Pa
100	0.037	0.556	0.000 018	0.004 848
200	0.074	2.226	0.000 037	0.038 782
300	0.111	5.008	0.000 055	0.130 891
400	0.147	8.904	0.000 074	0.310 260
500	0.184	13.912	0.000 092	0.605 976

(4)界面能指依存于油水两相不互溶界面处由于界面张力产生的附加能,其大小与油水性质、界面张力及微观孔隙结构参数有关。弹性开发阶段主要是固液界面张力,即单相

流体与岩石边面直接的张力。接触角是在三相流体交界处自固-液界面经过液体内部到气-液界面的夹角。

如图 4-18 所示,根据润湿角 θ 来判别固相表面润湿性:

① $\theta=0$,完全润湿,液体在固体表面铺展;

② $0<\theta<90°$,液体可润湿固体,且 θ 越小,润湿越好;

③ $90°\leqslant\theta<180°$,液体不润湿固体;

④ $\theta=180°$,完全不润湿,液体在固体表面凝成小球。

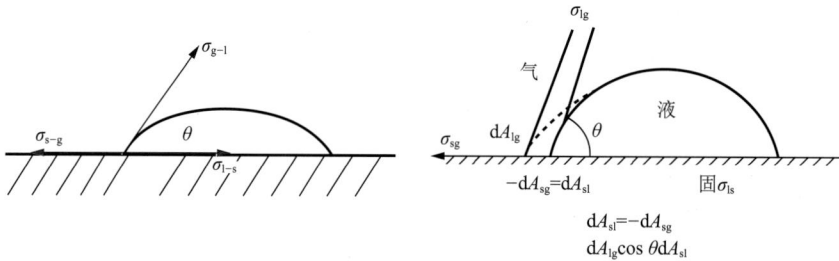

图 4-18 润湿角示意图

存在以下关系式:

$$\sigma_{sg} = \sigma_{sl} + \sigma_{lg}\cos\theta \tag{4-15}$$

所以

$$\sigma_{sl} = \sigma_{sg} - \sigma_{lg}\cos\theta \tag{4-16}$$

表面张力是在两相界面上处处存在着的一种张力,它垂直于表面的边界,指向液体方向并与表面相切。作用于单位边界线上的这种力称为表面张力 γ,单位 N/m。表面张力与固体表面粗糙程度也有关,处于静态和流动阶段,表面张力也存在差异。

$$F = 2\gamma l \tag{4-17}$$

流体在缝洞型油藏内部流动时,存在油气水固之间的界面。处于界面上的分子,一方面受到本相内相同物质分子的作用,另一方面受到性质不同的另一相中物质分子的作用,其作用未必能相互抵消,使得表面层显示出独特性——表面张力、表面吸附、毛细现象、过饱和状态等。表 4-6 为缝洞型油藏不同储集体界面张力及界面能概算值。

表 4-6 缝洞型油藏不同储渗介质内界面能概算值

储集体	尺　度	油水界面张力 /(mN·m⁻¹)	θ	界面能/J
溶　洞	>10 m	25	25°	4.532×10^{-3}
裂　缝	0.01 m	25	25°	4.532
孔	10 μm	25	25°	4 532

塔河油田缝洞型油藏油水关系复杂,但总体符合上油下水的油水分布模式。对于具有较长无水采油期的开发井,在弹性开发阶段可以视为油藏内仅有单相原油在流动,油井见水或底水抬升至产层段前,可以忽略界面能的影响。

(5) 黏滞力能项是由于相邻层间以不同的速度运动时产生的摩擦造成的。根据牛顿流体黏度定律,黏滞性流体在静止状态下不承受剪力,在流动时流体可以承受剪力;黏性流体由于内摩擦力的作用,在管内流动时,紧靠壁面流速近似为零,管道中间流速最大,如图 4-19 所示。

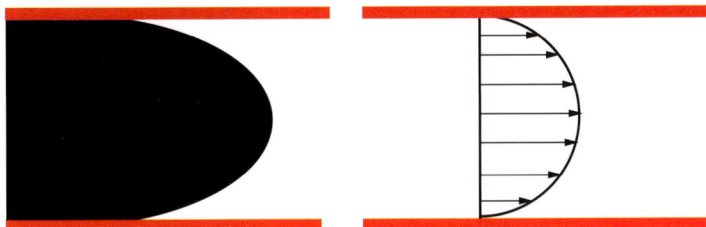

图 4-19　黏性流体流动示意图

黏滞力能是流体内部相互接触的流层之间的内摩擦力产生的黏滞力能,其大小与流体流动过程中剪切率和黏性系数有关。

$$\Phi_{vf} = \eta \frac{dv}{dy} \tag{4-18}$$

其中　　η——流体黏度;

　　　　v——流速。

流体的黏度是由于相邻层间以不同的速度运动时产生的摩擦造成的。管中心处阻力最小,液层流动速度最大;管壁附近液层同时受到液体黏性阻力和管壁摩擦力作用,速度最小,在管壁上液层的移动速度为零(假定在不产生滑移时)。因此,一些附近的压力(如两头管的压力差)需要克服摩擦层之间阻力,来保持流体流动。同样的速度模式,应力应正比于流体的黏度。

(6)能量损耗指在开发过程中,能量损失的阻力与流体的黏滞力、惯性、壁面对流体的阻滞作用和扰动作用有关。

① 沿程摩阻及能量损失。

$$p_f = \lambda \frac{l}{d} \frac{\rho v^2}{2g} \tag{4-19}$$

流体在均匀不变的裂缝或孔道内流动时,与壁面和流体内部各层之间存在摩擦阻力,摩擦阻力引起能量损失。阻力是黏性阻力。

② 局部摩阻及能量损失。

$$p_m = \zeta \frac{\rho v^2}{2} \tag{4-20}$$

流体在缝洞油藏内部流动过程中,流经局部障碍,例如裂缝开度改变、缝-缝结点、缝-洞结点等,由于通道或流量的改变,流体均匀流动在局部发生改变从而引起流速大小、方向和分布的变化,由此产生能量损失(图 4-20、表 4-7)。

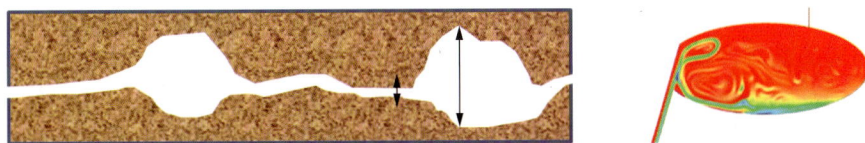

图 4-20　流体局部摩阻及能量损失示意图

③ 流动速度大小及方向改变。

④ 过流断面扩大或收缩。

表 4-7 不同地质结构部位能量损失计算表

名　称	简　图	局部水头损失系数 ζ 值		
断面突然扩大		$\zeta = \left(1 - \dfrac{A_1}{A_2}\right)^2$（应用公式 $h_j = \zeta' \dfrac{v_1^2}{2g}$） $\zeta = \left(\dfrac{A_2}{A_1} - 1\right)^2$（应用公式 $h_j = \zeta' \dfrac{v_2^2}{2g}$）		
断面突然缩小		$\zeta = 0.5 - \left(1 - \dfrac{A_2}{A_1}\right)$		
进　口		完全修圆	0.05～0.10	
		稍微修圆	0.20～0.25	
		没有修圆	0.50	
		流入水库（池）	1.0	

上述各能量项计算结果表明,流体势的位能、动能、界面能、黏滞力能等不同能量项指示了不同作用机理(宏观、微观),且由于缝洞型油藏的特殊性,各能量绝对值相差巨大,见表 4-8。

表 4-8 不同能量项取值范围表

能量类别	符　号	单　位	取值范围
位　能	E_z	J	1×10^7
压　能	E_p	J	$1 \times 10^5 \sim 1 \times 10^7$
动　能	E_v	J	$1 \times 10^3 \sim 1 \times 10^8$
界面能	E_σ	J	$1 \times 10^{-3} \sim 1 \times 10^3$
黏滞力能	E_η	J	$1 \times 10^{-1} \sim 1 \times 10$

4.2.4 缝洞型油藏开发流体势三维表征

与碎屑岩油藏常规流线产生基本原理不同,缝洞型油藏流势线除了考虑流势场变化和复杂的物理化学现象,还可以考虑重力、毛管力以及流体的压缩性等特性,因此其求解方法及计算量与经典流线不同。通过对比有限体积法、有限元方法、有限差分法及流线法等数值求解方法特点,结果表明,改进流线法(MSL)数值模拟技术在物质守恒方面具有精度高、求解速度快等优点,适合缝洞型油藏流势场和流体势线的描述与表征。因此,选择改进流线法数值模拟技术生成缝洞型油藏流体势线。

基于读取缝洞型单元油藏数值模拟结果数据,获取不同时间步的网格系统、井位置、压力场和流体饱和度分布模型。应用流体势理论公式,遍历单元网格,逐个计算网格单元流体势值,获取流体势三维分布模型。在此基础上,使用改进流线追踪的半解析法求解网格势梯度(图 4-21)。

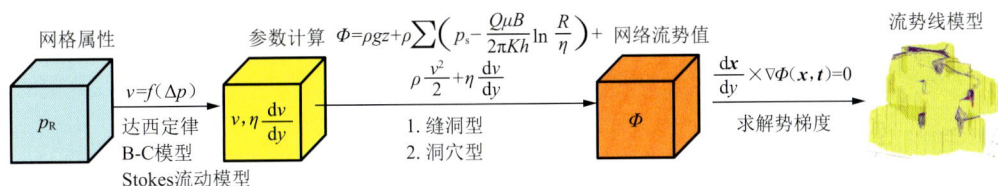

图 4-21　缝洞型油藏开发流体势计算原理图

根据流体力学基本原理,油藏流体在开发过程中,流体质点流动时满足质量守恒方程,考虑到油藏中油水两相流动问题,对于油组分:

$$-\nabla(\rho_o v_o) + q_o = \frac{\partial}{\partial t}(\phi \rho_o S_o) \tag{4-21}$$

对于水组分:

$$-\nabla(\rho_w v_w) + q_w = \frac{\partial}{\partial t}(\phi \rho_w S_w) \tag{4-22}$$

(1)运动方程。

考虑重力的油相和水相的运动方程,分别为:

$$u_o = -K\frac{K_{ro}}{\mu_o}(\nabla p_o - \rho_o g \nabla D) \tag{4-23}$$

$$u_w = -K\frac{K_{rw}}{\mu_w}(\nabla p_w - \rho_w g \nabla D) \tag{4-24}$$

(2)连续性方程。

将油相和水相的运动方程分别带入质量守恒方程中,可得:

$$\nabla\left[\rho_o \frac{KK_{ro}}{\mu_o}(\nabla p_o - \rho_o g \nabla D)\right] + q_o = \frac{\partial}{\partial t}(\phi \rho_o S_o) \tag{4-25}$$

$$\nabla\left[\rho_w \frac{KK_{rw}}{\mu_w}(\nabla p_w - \rho_w g \nabla D)\right] + q_w = \frac{\partial}{\partial t}(\phi \rho_w S_w) \tag{4-26}$$

(3)流体势方程。

综合考虑上述方程计算出的压力、速度、饱和度和毛管力可得流体势方程:

$$\Phi = \rho(T,p)gz + \rho(T,p)\int_{p_0}^{p}\frac{dp}{\rho(T,p)} + \frac{2\sigma\cos\theta}{r} + \rho(T,p)\frac{v^2}{2} \tag{4-27}$$

式(4-27)中从左到右的每一项的物理意义分别为:位能,反映了流体在空间上埋深发生变化而引起的能量变化;压能,反映了测点压力变化而引起的能量变化;界面能,反映了流体流速过程中毛细管力的影响;动能,反映了流体流速改变而引起的能量变化。

(4)边界条件和初始条件。

对于一个数学模型的求解,如果要得到其唯一性的解,必须要给出该模型满足的边界条件和初始条件。

初始条件指的是在初始时刻油藏的压力和饱和度分布,表示为:

$$p(x,y,z)\,|_{t=0} = p^0(x,y,z), \quad S(x,y,z)\,|_{t=0} = S^0(x,y,z) \tag{4-28}$$

外边界条件,对于本文建立的油水两相渗流数学模型,指的是油藏外边界所处的状态。一般来说,可以将外边界考虑为不渗透的封闭边界,那么需要满足:

$$\frac{\partial p}{\partial n}\bigg|_{g} = 0 \tag{4-29}$$

内边界条件指的是油水井所处的状态。当油井和水井半径都远远小于油藏的尺寸时,井眼半径几乎可以忽略不计,此时可以把注水井和生产井分别作为源汇项处理,一般包含了井底定产和定压两种工作制度,即

井底定产:

$$Q_o = q_{oconst}, \quad Q_l = q_{lconst} \tag{4-30}$$

井底定压:

$$p(x,y,z,t)\,|_{x=x_w, y=y, z=z_w} = p_{wf}(t) \tag{4-31}$$

将流势线方法应用到油气田开发模拟计算中,其计算本质与传统油藏模拟方法类似,均是实现对压力方程和饱和度方程的求解。不同的是,在传统的计算方法中,物质输送方程的求解是基于正交坐标系进行计算的,而对于流线模拟方法,在求解压力方程后,基于压力场利用达西公式得到速度场,并得到流线分布,最终沿着流线坐标求解一维物质输送方程。势流线的生成和应用流线的生成常用的方法包括流函数方法、欧拉方法和 Pollock 流线追踪方法,在本节中主要介绍了流函数方法和 Pollock 流线追踪方法。其中流函数方法为解析方法,可以得到每条流线的解析表达式;Pollock 流线追踪方法为半解析方法,利用数值压力场计算流线分布。

基于读取缝洞型单元油藏数值模拟结果数据,获取不同时间步的网格系统、井位置、压力场和流体饱和度分布模型。应用流体势理论公式,遍历单元网格,逐个计算网格单元流体势值,获取流体势三维分布模型。在此基础上,使用改进流线追踪的半解析法求解网格势梯度(图 4-22)。

将质点粒子速度在 x 和 y 方向进行分解后,根据粒子进入网格的位置可计算得到粒子沿着每个方向离开网格的时间,分别为:

$$\Delta t_{x_i} = \int_x^{x_{i-\frac{1}{2}}} \frac{1}{v_x}\mathrm{d}x = \int_x^{x_{i-\frac{1}{2}}} \frac{1}{v_{x_{i-\frac{1}{2}}} + A_x(x - x_{i-\frac{1}{2}})}\mathrm{d}x = \frac{1}{A_x}\ln\frac{v_{x_{i-\frac{1}{2}}}}{v_x} \tag{4-32}$$

$$\Delta t_{x_2} = \frac{1}{A_x}\ln\frac{v_{x_{i+\frac{1}{2}}}}{v_x} \tag{4-33}$$

$$\Delta t_{y_1} = \frac{1}{A_y}\ln\frac{v_{x_{j+\frac{1}{2}}}}{v_y} \tag{4-34}$$

$$\Delta t_{y_2} = \frac{1}{A_y}\ln\frac{v_{y_{j-\frac{1}{2}}}}{v_y} \tag{4-35}$$

由于流线总要从网格的一个端面流出,因此二维情况下四个时间中的最小非负值为合理解,为该网格的飞行时间。

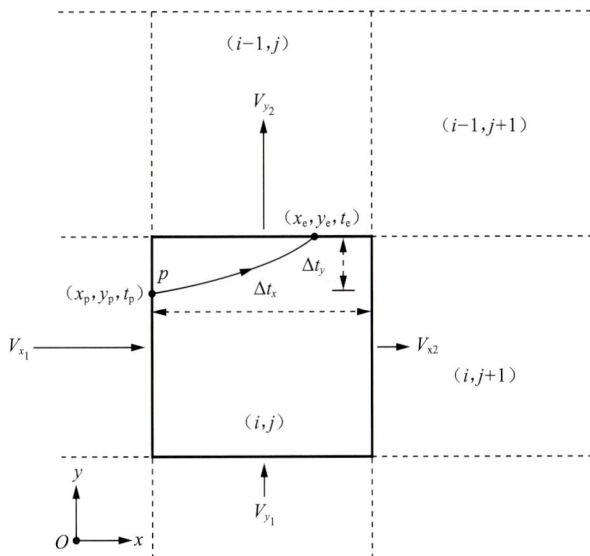

图 4-22 基于粒子追踪流线模拟计算原理图

已知在一个网格内粒子的起始位置为 $p(x_p, y_p, y_z)$，则粒子离开网格的位置 $p(x_e, y_e, y_e)$ 可以按照飞行时间计算得到：

$$x_e = x_{i-\frac{1}{2}} + \frac{1}{A_x}\left[v_x \exp(-A_x \Delta t_e) - v_{x_{i-\frac{1}{2}}}\right] \qquad (4-36)$$

$$y_e = y_{i-\frac{1}{2}} + \frac{1}{A_y}\left[v_y \exp(-A_y \Delta t_e) - v_{y_{i-\frac{1}{2}}}\right] \qquad (4-37)$$

$$z_e = z_{i-\frac{1}{2}} + \frac{1}{A_y}\left[v_y \exp(-A_z \Delta t_e) - v_{z_{i-\frac{1}{2}}}\right] \qquad (4-38)$$

按照上述方法连续地在不同网格上追踪粒子轨迹，直到生产井所在网格（$TOF=0$）。

采用 1 注 1 采标准模型和纵向多层模型对比，解析解流线和数值解流线结果吻合良好，与标准模型解析解对比，验证了流势线数值求解结果的准确性，如图 4-23～图 4-26 所示。

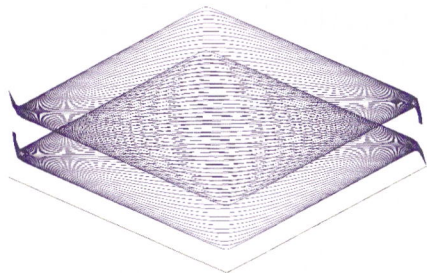

图 4-23 1 注 1 采模型流体势流线解析解

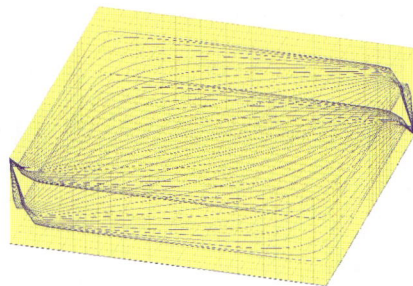

图 4-24 1 注 1 采模型流体势流线数值解

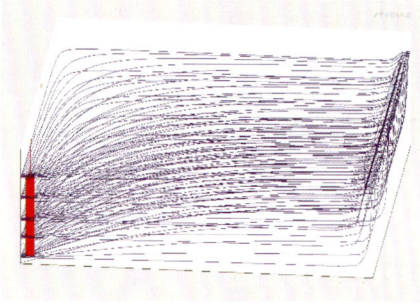

图 4-25 纵向多层模型流体势流线解析解

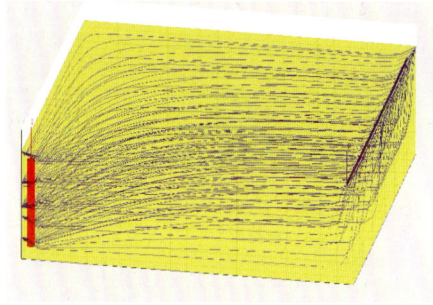

图 4-26 纵向多层模型流体势流线数值解

4.3 缝洞单元流体势调整技术对策及方法

4.3.1 流体势分布规律及变化主控因素测试与评价

明确缝洞单元流体势时空演变规律(图 4-27)及主控因素是实现缝洞单元均衡开采的前提。基于缝洞型油藏开发流体势模型,计算目标单元不同时刻开发流体势值,分析单元高流体势区和低流体势区的分布特点,明确流体势场变化主控影响因素,评价缝洞单元调控增油潜力,为典型单元流体势综合调整技术政策界限优化提供理论依据。

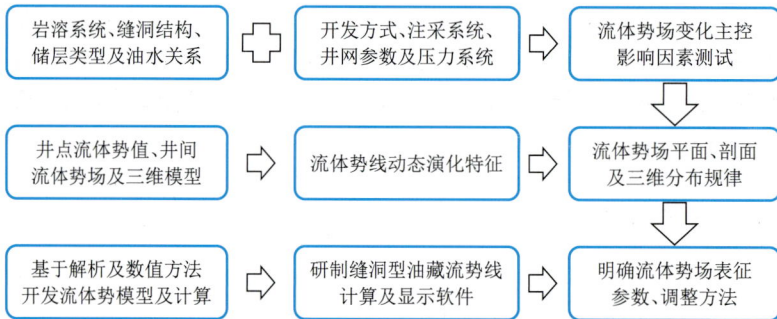

图 4-27 流体势变化规律测试流程图

4.3.2 缝洞型油藏流体势分布及变化规律

1)基于流体势模型解析缝洞单元流体势变化规律

基于缝洞单元地震反演、岩溶地质及生产动态资料,确定目标单元所属岩溶系统类型及目前所处开发阶段(即弹性开发、注水早期和注水开发中后期)。收集整理单元内注水井、生产井产层段海拔、测压资料、生产压差、注采速度及流体 PVT 等资料,应用提出的不同岩溶系统及不同开发阶段下缝洞型油藏开发流体势计算模型,定量计算目标缝洞单元内各生产井及注水井产层段流体势值,从而获得该时刻单元内注采井点开发流体势值。图 4-28 为单元内各注采井开发流体势计算程序界面,通过逐项输入油水井产层段海拔、注采量、压力及流体 PVT 参数等,即可计算出某井井点处位能、动能、压能、黏滞力能及界面能,从而得到不同开发时间油水井点开发流体势准确值。根据油水井所处的岩溶地质背景及目前开发阶段,可以对显著能量项进行省略(如弹性开发生产井无水开采阶段,井底产层内单相原油,此时可以不考虑界面能项),降低由于参数录取难度大造成的计算误差。

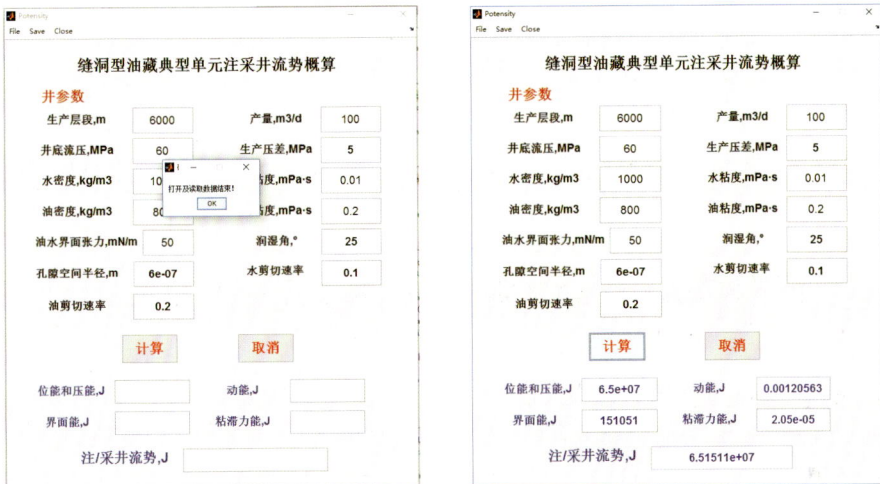

图 4-28　注采井基础参数加载及计算结果

等值线是表现特定参数平面变化规律的常用方式。通过将制图对象的某一数量指标值相等的各点连成的平滑曲线,由图上标出的各井点开发流体势值,采用克里金、协同克里金(可考虑缝洞地质特征影响)等内插法找出各流体势整数点绘制,然后把数值相等的点连成圆滑曲线,通过叠合在缝洞单元地质底图上勾画出缝洞单元开发流体势的平面分布特征,从而可以某一时刻缝洞单元内开发流体势平面分布规律为缝洞单元内水侵通道预测及合理综合调控对策的制定提供依据,如图 4-29 所示。

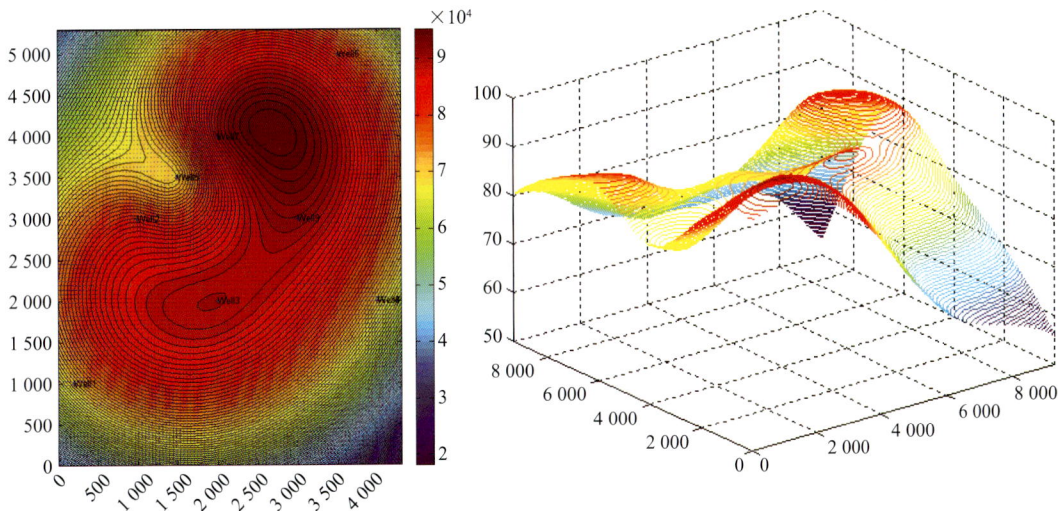

图 4-29　缝洞单元开发流体势等值线图

对缝洞单元开发流体势绝对值进行二次计算,如计算不同井点处流体势相对值、不同方向的流体势梯度值以及同一单元流体势值对时间的导数,即分析缝洞单元内开发流体势平面分布规律、优势流动方向以及单元内开发流体势随时间动态演化特征。

图 4-30 为单元开发流体势及流体势梯度等值线图,在此基础上,对开发流体势绝对值求梯度,基于流体势梯度平面分布图,可以对缝洞单元两个方面进行分析:① 分析流体势梯度变化方向,即单元内流体流动优势方向;② 可以判断该单元天然能量分布以及能量状况。

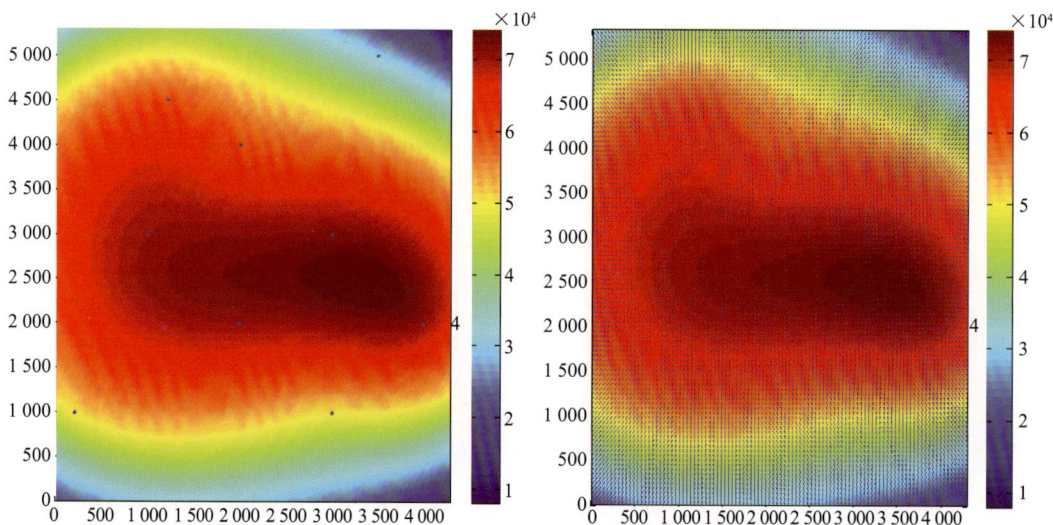

图 4-30　缝洞单元开发流体势及流体势梯度等值线图

基于缝洞雕刻及地质综合研究,可以对静态大概率不连通缝洞单元分别计算不同缝洞单元流体势,可以对比不同单元(A 和 B)之间的流体势能量,如图 4-31 和图 4-32 所示,判断各单元的初始天然能量是否充足,开发一段时间后不同缝洞单元天然能量的保持状况。从能量及动态角度判断不同缝洞单元(A 和 B)之间连通概率。对各个缝洞单元开发过程中地层能量进行监控,为开发方式适时转换提供理论依据。

随着缝洞单元地下油藏内流体不断被采出及地面注入水的持续补充,必将引起油藏中各项能量之间的相互转换。如开发初期,当注采比低于 1 时,随着开发的进行,油藏压力逐渐降低,必将引起油藏内压能不断降低;同时,由于不同岩溶背景、储层类型的影响,油藏内流体运移速度亦服从不同的流动模式,注采井近井带压力梯度较高,流速大,单位体积流体所具有的动能就大,而随着流体从深部向产层段流动,流体位能也在不断发生变化。同时,在流动过程中,由于流体内摩擦力及局部构造急剧变化,也会造成黏滞力能及沿程损失。因此,缝洞单元开发流体势不但在不同井点值不相同,而且在同一井点处的不同时刻也发生变化。为了表征开发流体势时空演化规律,研究提出了流体势变化率,即对同一缝洞单元的开发流体势对时间求导数,用来表征开发流体势在不同开发时刻的变化快慢的物理量,单位为 J/月(或 d,年)。

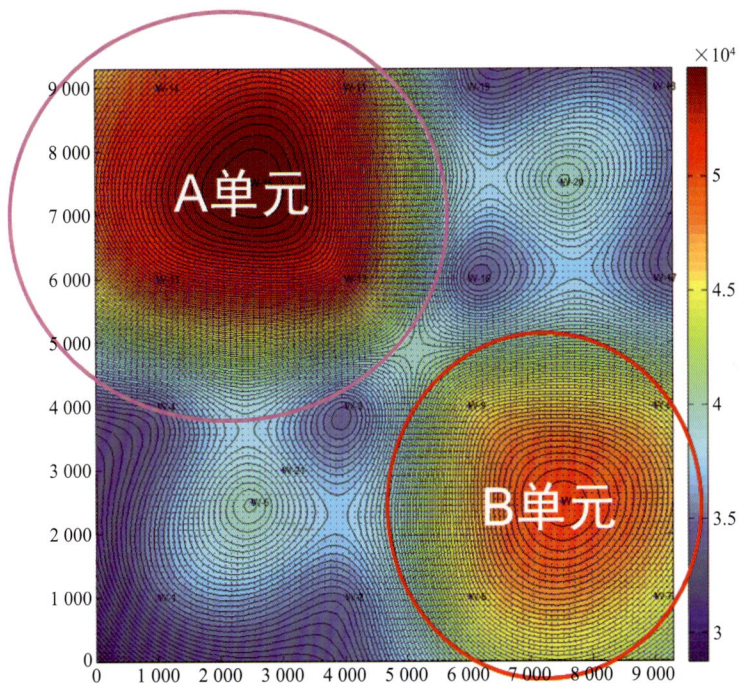

图 4-31　不同缝洞单元开发流体势分布规律图

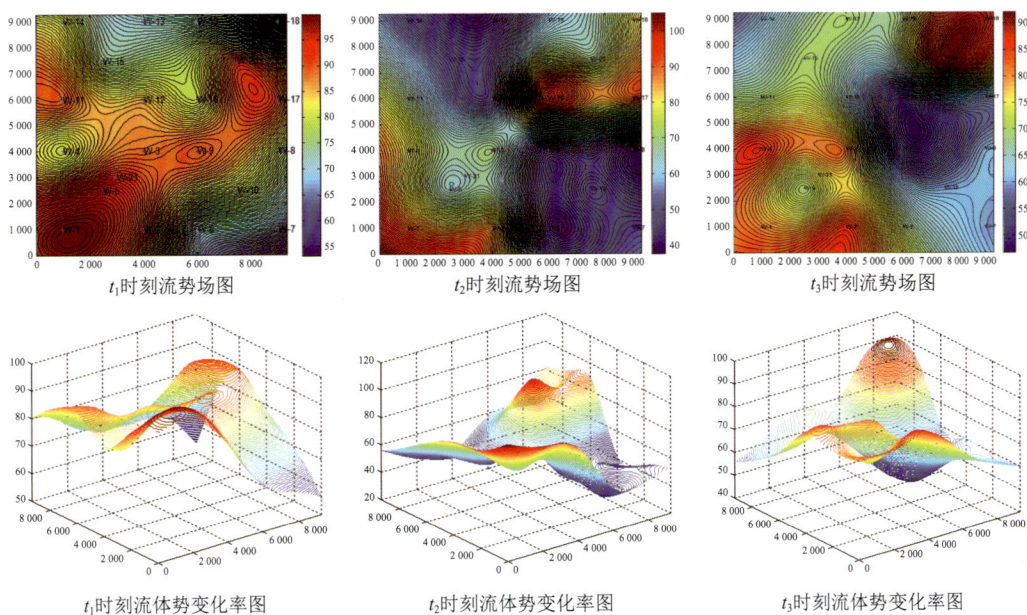

图 4-32　缝洞单元不同时刻开发流体势场及变化率图

2）基于流体势定量计算分析油藏流体势变化规律

应用开发流体势模拟软件,可以定量计算缝洞单元或井组弹性开发阶段、注水早期、注水中晚期不同时刻油藏流体势,分析由于油水井生产、底水侵入等因素造成的油藏流体势三维变化规律。以 TH12238 井组为例,TH12238 井高强度排采使排采井附近形成低势区,TH12349 受效井产层段底水在势差作用下流向排采井。模拟表明,在局限水体(8~10 倍时)单元以 100 m³/d 排采 90 d 可形成较大势差,受效井井底流体势降低,调控见效,如图 4-33 和图 4-34 所示。

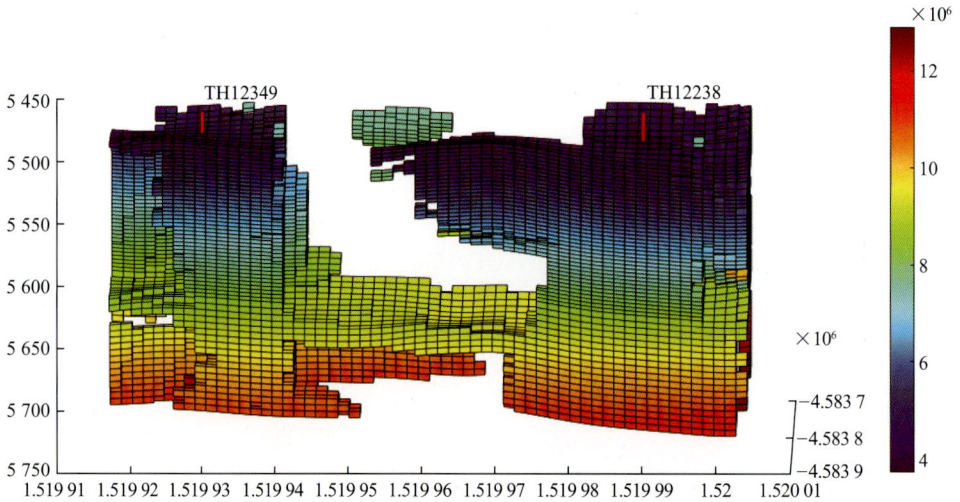

图 4-33　TH12238 井 600 d 时油藏流体势图

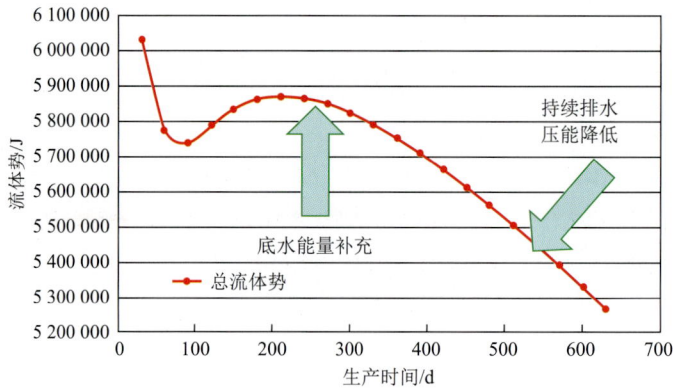

图 4-34　TH12238 井不同时刻流体势变化图

以 TH12510—TH12511 井组为例,通过动态分析及示踪监测表明,TH12511 井位于水侵路径上,通过该井提液,可以有效降低水相动能,延缓水侵,从而改善受效井 TH12510 井开发效果。通过对比不同排采强度下井组流体势变化规律,优化采液比从而为矿场调控提供决策依据。

由图 4-35 可知,随着排采强度的增加,在水侵路径上排采井近井带形成低势区,从而在受效井与排采井形成较大流体势势差,将水引到排采井造成低势区采出。研究表明,当排采强度比为 8~10 时,在井间形成较大势差,提液引流调控效果好。

（a）高势区采液量50 m³/d

（b）高势区采液量100 m³/d

（c）高势区采液量150 m³/d

（d）不同排采比下井间流体势差变化图

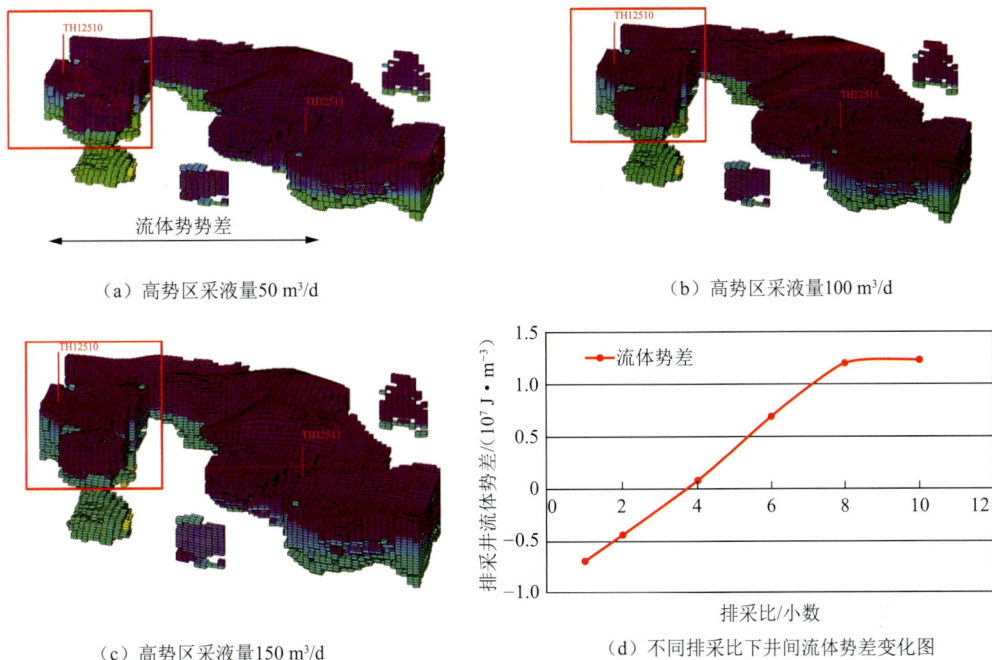

图 4-35　不同采液比下流体势随时间变化图

4.3.3　流体势变化主控影响因素测试

1）缝洞型油藏开发流体势各能力项影响因素分析

根据伯努利理论,油藏两点之间的流体势差是驱动流体流动的本质。地层中的流体总是由流体高势能区向低势能区运动,且运动方向是沿着势能减小最快的方向。根据流体势理论模型及各能量项计算方法,分析影响缝洞型油藏开发流体势的主要因素如下:

（1）位能 E_z。由单位体积流体密度及所处空间位置 Δz 决定,即流体密度及单位体积流体垂向深度均引起位能发生变化。以塔河十二区为例,导致单位体积流体位能发生变化的主要因素有:① 流体密度,即流体内、外条件变化而引起流体密度变化。在注水、注气开发方式下,单位体积流体组成变化从而引起密度变化;开发过程中,流体所处的温压条件发生变化引起体积系数变化,溶解气油比发生变化引起流体密度变化。② 流体埋深,即深部流体向产层段流动过程中,由于埋深变化 Δz 引起单位体积流体位能变化。

以塔河油田十二区油藏埋深及参数为例,计算由于流体性质和流体质点开采过程中由于埋深变化引起的位能变化。如图 4-36 所示,油藏埋深是影响流体质点位能大小的主控因素,计算结果表明,流体质点从深部运移到井底附近约 180 m 的垂向距离时,位能变化接近 1.8×10^6 J。

（2）压能 E_p。由于塔河油田奥陶系埋藏深、地饱压差大,因此地层压力及其空间分布是流体压能的主要影响因素。弹性开采阶段,压能与原始地层压力和地层压力变化有关。补充能量开发阶段,注采压差直接影响着地层内部压力场分布,其中近井区域压力变化较大,远井地带压力变化平缓——与注水量、开采量、油嘴大小、注采速度等有关。压力变化

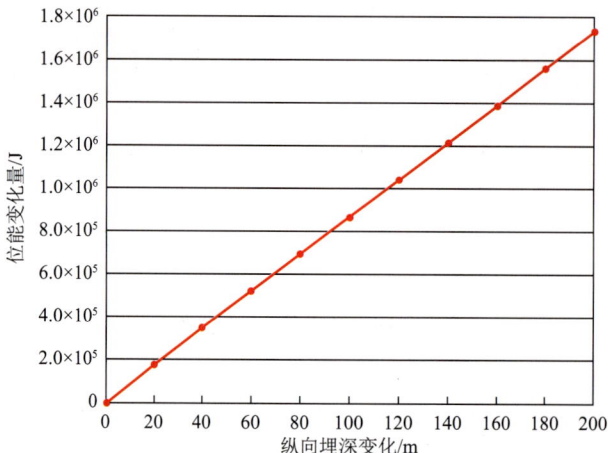

图 4-36 单位体积流体纵向埋深与位能变化关系图

量改变着流体势内部能量的转化。流体密度对压能的影响与位能相同,在此不再赘述。

(3) 动能 E_v。由动能定义式可知,动能值与油藏中单位体积流体密度和速度平方呈正相关,与碎屑砂岩不同,缝洞型油藏流体储渗空间为裂缝和溶洞,其内流体流动较快,因此动能不可忽略。① 与缝洞发育程度和充填程度有关,基质孔隙大多不高于 5%,主要存储和流动空间为裂缝和溶洞;裂缝和溶洞发育、充填程度低、渗透性好的区域,不可忽略;对于充填压实区域,流体流动速度较低,可忽略。② 与注采强度有关,近井区域产层段单位体积流体速度快,一般具有较高的动能。③ 远井带流体动能主要受岩溶结构及储层类型影响,单位体积流体在孔隙、裂缝及未充填洞穴中具有不同的流动模式,通常裂缝开度较小、压力梯度不大时,内部流体满足达西渗流规律;而在深大断裂、未充填溶洞内,流体服从非达西流动。因此即使在相同压力梯度下,由于流体所处的储层类型不同,动能值也不相同。

$$v = \frac{V_d}{24 \times 3\,600 \times \pi \times r_w^2} \tag{4-39}$$

根据 C. Louis 的研究成果,当 $Re = 2\,300$ 时,流体进入非达西流状态。对于假定的光滑平行板裂缝来说,可推算不同开度时对应的临界渗流速度,如图 4-37 所示。

$$v = \frac{Re\mu}{2b} \tag{4-40}$$

图 4-38 和图 4-39 分别给出了不同开度裂缝在达西渗流临界速度和不同压力梯度下单条裂缝内流体流动对应的动能。总体上来说,裂缝开度一定时,压力梯度越大,内部流体具有的动能越大;在压力梯度一定的条件下,流体的动能随着裂缝开度的增加而增大。裂缝开度较大和压力梯度加大时,裂缝内流体不再满足达西渗流,而出现非达西渗流。结合不同开度裂缝对应的临界达西渗流速度和临界动能,可以大致判断出裂缝在不同条件下具有的动能范围。对于超过临界速度的区域,可以采用非达西渗流规律,对流体的动能进一步判断,但总体上,流速应该大于达西渗流速度,应该具有的动能应大于图中估算的动能。

根据裂缝开度和压力梯度,对裂缝内流体动能进行估算,可以判断流体在流动过程中动能的变化范围和对总流势的影响,以及能量转化的大小影响。

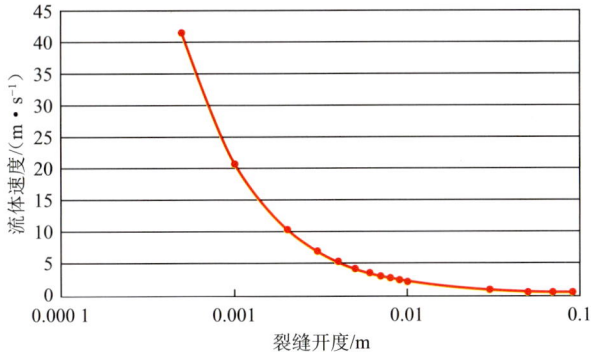

图 4-37　不同开度裂缝对应的达西渗流临界速度

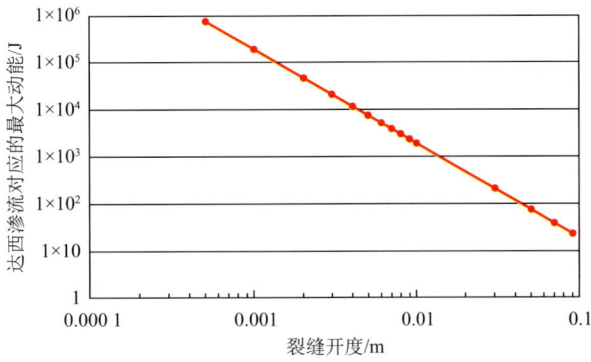

图 4-38　裂缝在达西渗流临界速度时动能

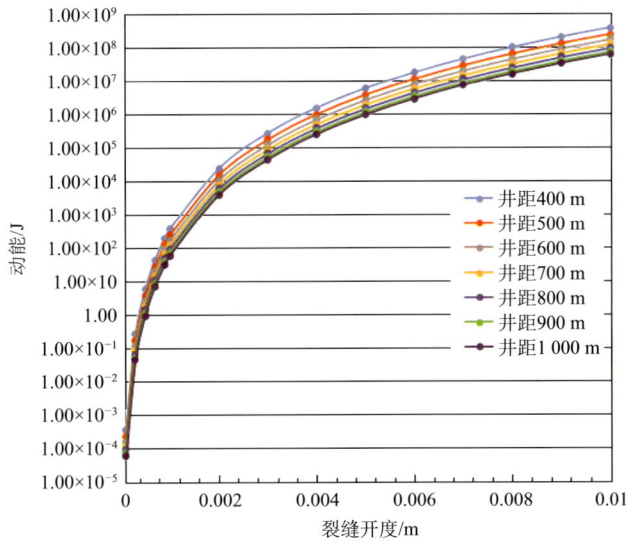

图 4-39　裂缝在不同压力梯度下动能

（4）界面能 E_s。油藏中互不相溶两相界面是流体具有界面能的先决条件，因此在弹性开发阶段仅有单相流体和岩石固体，可以忽略界面能的影响。当油藏内部进入两相流阶段后，影响油水或油气界面张力的因素均对界面能大小有影响，主要因素包括物质极性、温度、压力、溶解气和储渗介质微观参数，即裂缝开度、溶洞溶孔直径等。以塔河十二区为例，油水界面张力约为 25 mN/m，润湿角为 25°，开度为 0.01 m 的裂缝系统内界面能约为 4.532 J，孔径为 10 μm 的孔隙内界面能约为 4 532 J，可见在相同流体组成条件下，储渗介质的几何参数对界面能影响显著。

（5）根据牛顿内摩擦定律，影响黏滞力能的主要因素有流体黏度、沿程摩阻。

流体黏度是由相邻层间以不同的速度运动时产生的摩擦造成的。如图 4-40 所示，管中心处阻力最小，液层流动速度最大；管壁附近液层同时受到液体黏性阻力和管壁摩擦力作用，速度最小，在管壁上液层的移动速度为零（假定在不产生滑移）。因此，一些附近的压力（如两头管的压力差）需要克服摩擦层之间阻力来保持流体流动。同样的速度模式，应力应正比于流体的黏度。

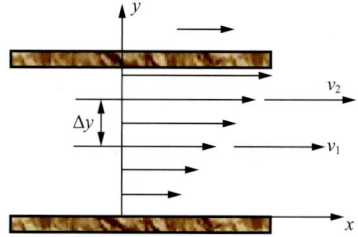

图 4-40 黏性流体黏滞力作用示意图

引起能量损失的阻力与流体的黏滞力和惯性、壁面对流体的阻滞作用和扰动作用有关。

$$f = \eta \frac{\mathrm{d}v}{\mathrm{d}y} \Delta S \tag{4-41}$$

黏滞性流体在静止状态下不承受剪力，在流动时可以承受剪力；流体的黏滞性是指流体在运动状态下抵抗剪切变形的能力，即内部流体质点之间出现的相对运动；内部有相对运动的相邻两部分之间存在摩擦力。

影响黏滞力大小的因素有：

① 流体黏性。流体剪切黏度越大，单位速度梯度下所受剪切力越大。

② 雷诺数。$Re = \frac{\rho v d}{\eta}$，层流雷诺数较小，相对而言黏滞力不可忽略。

（6）能量损耗是指引起能量损失的阻力，与流体的黏滞力和惯性、壁面对流体的阻滞作用和扰动作用有关。流动通道结构参数，如裂缝开度突变处、缝-洞结点处均会由于局部改变而引起流速大小、方向和分布的变化，从而产生能量损失。

① 沿程摩阻及能量损失。

$$p_f = \lambda \frac{l}{d} \frac{\rho v^2}{2g} \tag{4-42}$$

流体在均匀不变的裂缝或孔道内流动时，与壁面和流体内部各层之间存在摩擦阻力，摩擦阻力引起能量损失。阻力是黏性阻力。

② 局部摩阻及能量损失。

$$p_m = \xi \frac{\rho v^2}{2} \tag{4-43}$$

流体在缝洞油藏内部流动过程中，流经局部障碍，例如裂缝开度改变、缝-缝结点、缝-洞结点等，由于通道或流量的改变，流体均匀流动在局部发生改变进而引起流速大小、方向和分布的变化，由此产生能量损失，如图 4-41 所示。

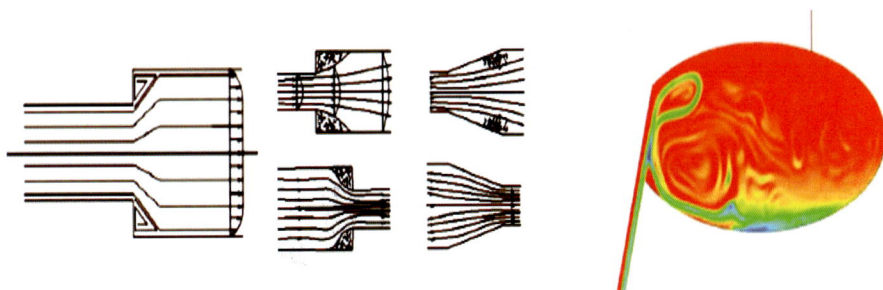

图 4-41　流体局部摩阻及能量损失示意图

③ 流动速度大小及方向改变。

④ 过流断面扩大或收缩。

2）缝洞型油藏储集体类型对流体势影响

研究缝洞型油藏剩余油分布，开展不同概念模式下的流势表征，考虑溶洞充填程度、溶蚀孔洞发育及与裂缝的组合关系，建立了 5 种概念模型，分别为未充填溶洞、半充填溶洞、全充填溶洞、溶蚀孔洞包裹未充填溶洞和大裂缝穿过充填溶洞，如图 4-42 所示。

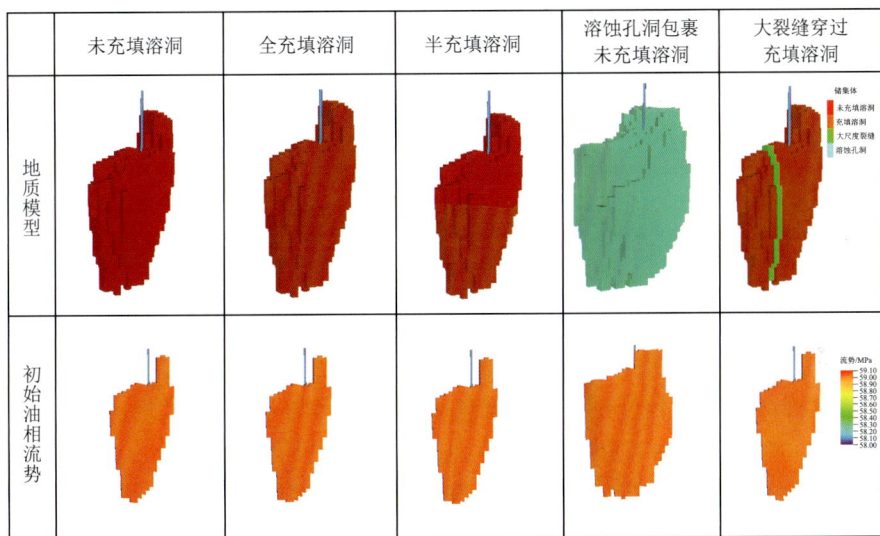

图 4-42　5 种典型缝洞模型结构图

在揭示不同类型储集体流势特征基础上，直观地反映了不同溶洞充填、溶蚀孔洞与裂缝组合下流体的流动特征及剩余油类型。

如图 4-43 所示，未充填溶洞开发过程中流势呈层状分布，更好地解释了空洞中油水界面水平抬升的特征；近井地带流势最低，洞内势差小。剩余油分布取决于井、洞、缝的配置关系，一般以洞顶剩余油为主，采出程度很高。未充填溶洞外围发育溶蚀孔洞时，以动用溶洞储量为主，溶蚀孔洞因渗透率低难动用，因此外围溶蚀孔洞流势高；溶洞下部因强底水影响，流势更高，抑制了外围溶蚀孔洞的动用。剩余油为难动用储量。

全充填溶洞，因井底形成较大压降漏斗，井底流势较低，体现均质油藏的水锥进及动用特征；洞内其他部位因充填物性差，压力下降及水锥影响，相对流势高，与井底势差大。以充填洞水驱后剩余油和洞顶剩余油为主。

　　半充填溶洞，上部空洞在强采下压力快速降低，流势低，而下部充填部分因渗透率低，导致底水能量补给慢，洞内整体势差大；剩余油以充填洞水驱后剩余油和洞顶剩余油为主。

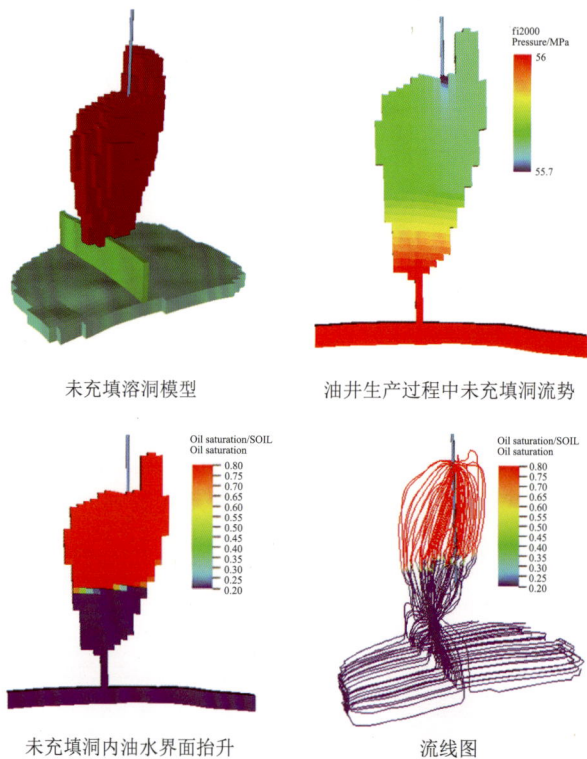

未充填溶洞模型　　　　　　油井生产过程中未充填洞流势

未充填洞内油水界面抬升　　　　　　流线图

图 4-43　未充填溶洞参数图

　　溶蚀孔洞包裹未充填溶洞，空洞储量先动用，压力快速降低，流势低，与底水沟通，垂向势差大，流体主要从底部供给，外围溶蚀孔洞渗透率低，在强底水作用下，溶蚀孔洞与空洞间的势差较空洞内部因底水锥进形成的势差小，储量动用难度大，形成难动用储量。

　　当裂缝贯穿充填溶洞时，因裂缝中流体流速大于洞内流体流速，裂缝动能大，流势高于洞与溶蚀孔洞中的流势，导致缝外侧储量动用程度低，形成高角度裂缝屏蔽剩余油。

　　为了进一步分析油藏静态因素和动态因素对流势调整的作用状况，基于概念模型，开展了孔隙度、裂缝位置、裂缝渗透率、水体倍数、采液比等参数的敏感性分析（表 4-9）。

表 4-9　模型参数取值表

参　　数	取　　值
溶洞、溶蚀孔洞孔隙度	原模型孔隙度属性基础上，降低 20％
裂缝渗透率/mD	250、500、750、1 000
水体倍数	10、20、30、40、50
油井定液量/（m³·d⁻¹）	50
提液井与受效井的采液比	2、4、6、8、10

　　根据参数设置模拟在不同因素影响下受效井的含水率变化特征，判断其对流体势调整

的影响。

（1）溶洞、溶蚀孔洞孔隙度、渗透率影响分析。

如图 4-44 所示,改变溶洞、溶蚀孔洞孔隙度,受效井的含水率曲线变化不明显,说明溶洞、溶蚀孔洞孔隙度变化对流体势调整效果影响不明显。

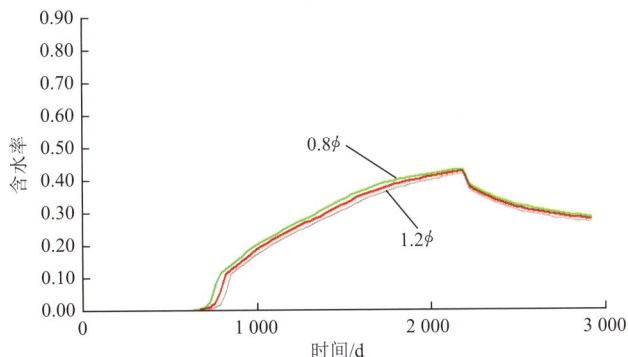

图 4-44　受效井含水率曲线变化特征(ϕ、0.8ϕ、1.2ϕ)图

如图 4-45 所示,改变溶洞、溶蚀孔洞渗透率,受效井含水率随着渗透率变大,后含水率变小,说明在缝洞型油藏开发过程中,溶洞、溶蚀孔洞渗透率越大,含水率上升越慢,即溶洞渗透率、溶蚀孔洞渗透率对调流势效果有一定影响。

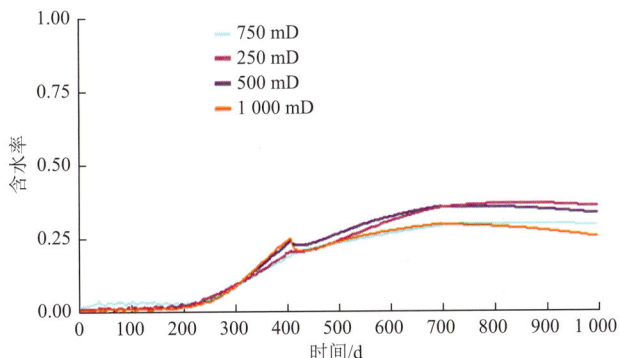

图 4-45　受效井含水率曲线变化特征(溶洞渗透率)图

（2）裂缝位置、裂缝渗透率影响分析。

如图 4-46 所示,当两口井没有裂缝直接连通时,改变裂缝渗透率对受效井基本无影响;当两口井有裂缝直接连通时,改变裂缝渗透率,对低部位井提液,高部位井能立即受效,能取得一定的控水效果,随着连接两井裂缝渗透率增加,通过调流势的压水增油效果越好,说明裂缝所在的位置和裂缝的渗透率对流体势调整效果明显。

（3）水体能量影响分析。

如图 4-47 和图 4-48 所示,分别采用暗河型和断溶型油藏模拟不同水体倍数下受效井含水率变化。由图示曲线得出 10 倍水体情况下,控水效果最好,随着水体能量的增强,压水效果变差,水体倍数达 30 倍以上,控水效果已不明显,即水体倍数是影响调流势效果的重要因素。

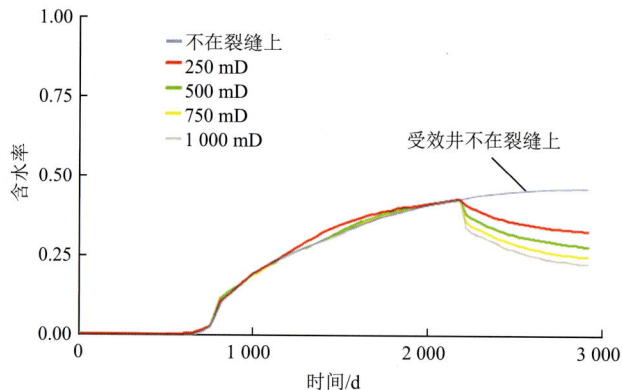

图 4-46　受效井含水率曲线变化特征(裂缝渗透率)图

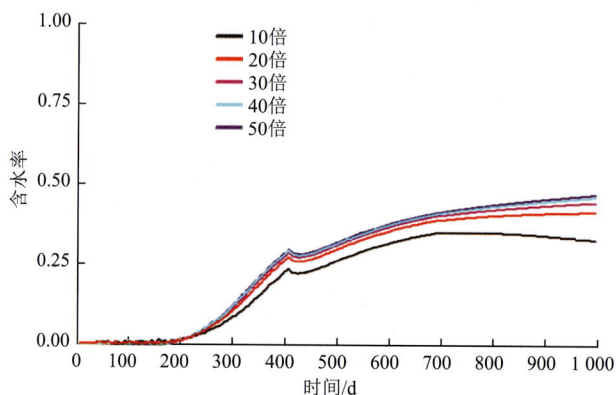

图 4-47　受效井含水率曲线变化特征(水体倍数暗河型)图

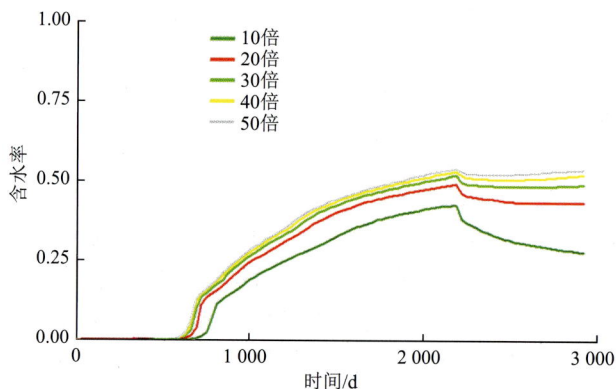

图 4-48　受效井含水率曲线变化特征(水体倍数断溶型)图

（4）采液强度影响分析。

如图 4-49 和图 4-50 所示,分别采用断溶型和暗河型油藏模拟两口连接井的不同采液强度下受效井的含水率变化。由图所示曲线分析,提液量越大,两口井的采液比越大,即井间势差越大,提液引流的控水效果越明显,由此可知采液强度是影响调流势效果的重要因素。

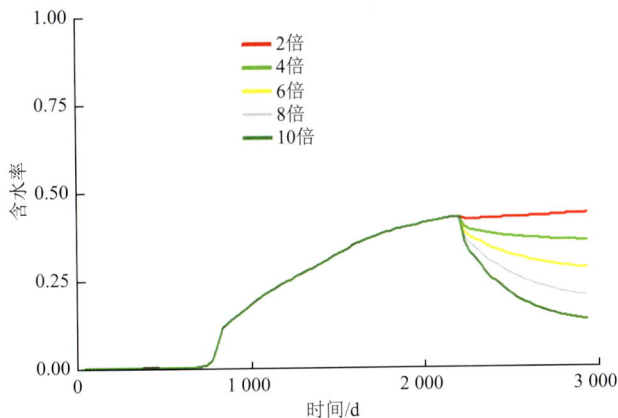

图 4-49　受效井含水率曲线变化特征(采液比断溶型)图

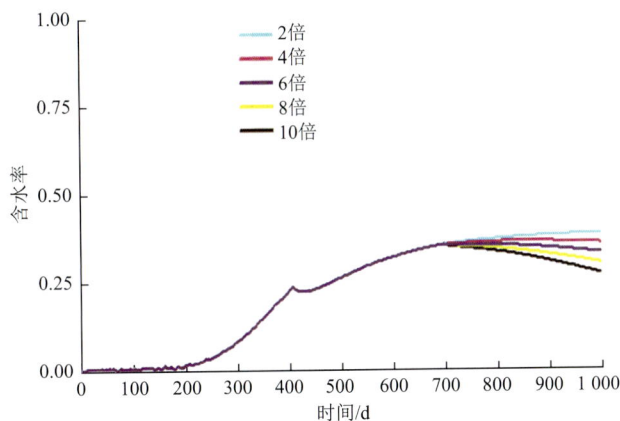

图 4-50　受效井含水率曲线变化特征(采液比暗河型)图

4.3.4　流体势调控选井原则

　　缝洞型油藏开发流体势表征方法的建立为单元老区流体势的精准调控提供了依据。结合矿场成功实践经验与流体势理论研究认识,明确了缝洞单元流势调控目的就是通过改变局部油/水能量分布,减缓水侵,降水增油,从而实现对缝洞型油藏的均衡开采。

　　在缝洞结构、连通关系及水侵模式分析的基础上,形成了流体势调控单元选井原则。

　　(1)单元内井间缝洞结构及连通关系地质认识清楚,受控于同一岩溶背景,井间连通关系动静态认识一致的井组。

　　(2)开发资料齐全,具有基本的物质平衡概算及动态分析的资料保证,生产过程中动态连通/井组能量特征相似,原始压力系数相近及压力衰减规律相似的井组。

　　(3)水侵路径靠近水源井方向/井底存在深大串珠、溶蚀深度大的疑似水源井优先作为排采井。

　　(4)长期排水不见油,具备调流势潜力。

4.3.5 流体势调控模式

在油藏系统内,选定一个流体势等势面为基准面;以基准面为参考,构建整个油藏系统的流体势和具体各部分势能图,直观显示油藏内流体势空间分布、不同势的空间分布;确定调整策略,根据流体势分布图确定对应的敏感因素;通过调整敏感因素,以均匀驱替为准则,重塑内部流体势场;最终达到均衡驱替的目的。基于现场统计,目前主要形成了"提、控、引、扰"的调流模式(图4-51)。

(1)提液降水势。该方法调控对象为底水连通能量较充足井组,通过对见水早、含水率高的生产井进行提液、排水、引效,降低连通单元水体压能,转化为水体动能,加速将侵入低含水油井底水从排水井排除,稳定受效油井水锥,改善井组开发效果。

(2)控液增油势。该方法调控对象主要为缝洞结构以缝网连通的溶洞储集体,底水能量充足。油井先后见水后含水快速上升,井组整体处于中高含水生产阶段。井间及井周尚存在丰富剩余油。通过综合调控,实现不同能量之间的相互转换。

(3)引水增油势。由于缝洞型储层强烈的非均质性及连通通道表征精度的影响,缝洞型油藏平面完善性较差。该方法针对一注多采受效不均衡井组,确定注采井间注入水的主要通道及次级通道方位、规模及连通程度,通过针对性调控主要通道与次级通道沟通的生产井工作制度,对注入水流向进行针对性的人为干预,将注入水的压能传递到次级通道沟通的油井产层段,增加油体动能及位能,从而提高次级通道沟通的油井受效程度。

(4)扰流增油势。单元内井间多向连通,由于通道形态、规模、储层类型及物性差异,形成边底水或注入水窜进的优势流道,水动能大,形成优势流道屏蔽型剩余油。油藏存水率低,无法实现横向驱油和恢复油藏能量的目的。注入水存水率低,吨油耗水率高。

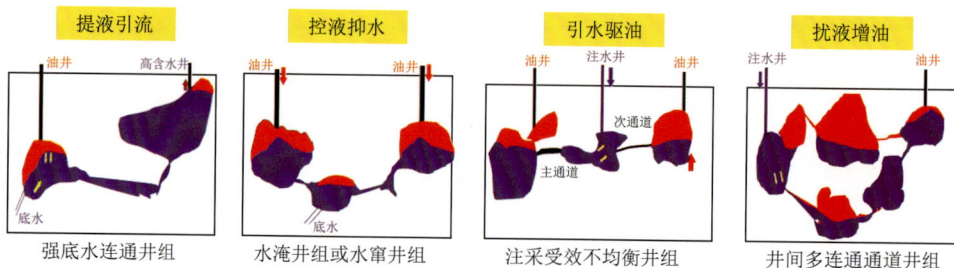

图 4-51 缝洞型油藏开发流体势调控模式图

4.3.6 流体势调控政策

通过收集统计塔河油田实施流势调控井组(或单元),井组岩溶背景以断控岩溶为主,其次为风化壳岩溶。根据岩溶结构、油水关系、能量状况和井组油水产出动态,主要针对具有两种水侵模式的井组进行调整:一是局部边水水侵特征明显的井组,通过选取水侵源头或关键节点调整排水强度减缓横向水侵,如 TH10204—TH12102 井组;二是底水抬升侵入产层段井组,该类井组选择溶蚀深度大与底水沟通好的井排水,降低局部有限水体能量,减缓底部水侵,如 TH646CH—TK611 井组。通过分析调控井组的排采比、水体倍数、调势方式及时机等参数,形成缝洞型油藏流体势调控政策。

（1）水体倍数。水体倍数的大小决定了井组能量状况，也是流体势调控效果的决定因素。结合数值模拟及现场统计结果（图 4-52），认为调控井组水体倍数小于 20 倍时，具有较明显的调控效果，主要是由于过大的水体导致井组调流势作用被底水作用减弱，导致流体势调控效果不明显。

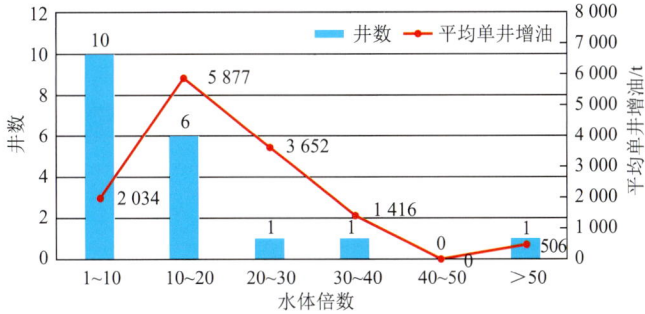

图 4-52　调流势增油效果统计

（2）排采比。排采比是指排水井的产液量与受效井的产液量的比值。排采比大，所形成的井间压差大，则排水井的引流作用明显；排采比小，则形成的井间压差较小，引流作用较弱。通过统计现场调流势井组效果，分析排采比大于 3 时井组间易形成有效压差，调势作用明显（图 4-53）。

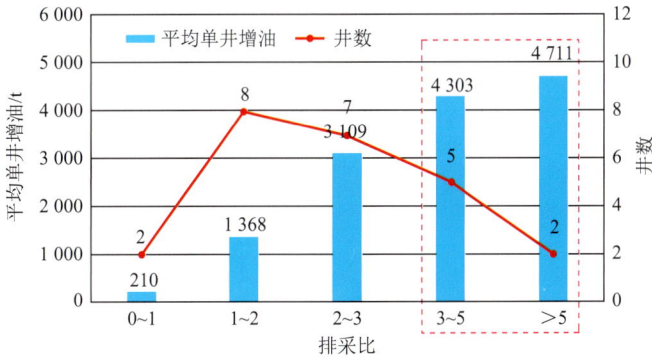

图 4-53　不同排采比调势效果统计

（3）调势时机。通过对现场调流体势井组开展调势时机效果统计，结果表明在中低含水阶段，邻井开展流体势调控效果更明显（图 4-54）。

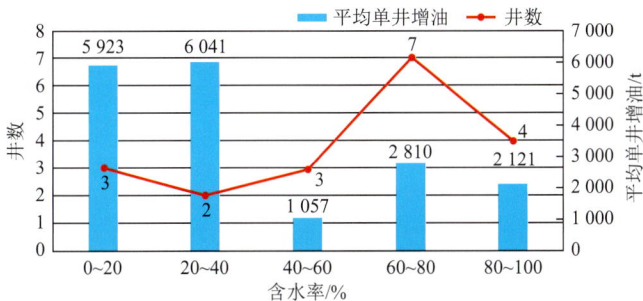

图 4-54　不同含水率下调势效果统计

（4）调势方式。目前现场普遍应用的调势方式有排水引流、引水驱油以及控液抑锥等，通过对调势方式的效果进行统计，结果表明引水驱油的效果明显，有利于注采井组均衡流场，动用次级通道剩余油。

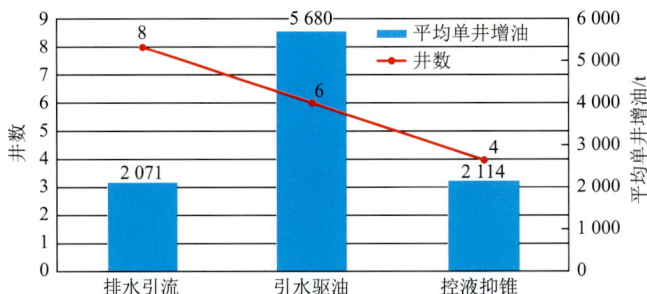

图 4-55 不同调势方式下调势效果统计

通过以上综合分析，最终形成缝洞型油藏流体势调控政策，见表 4-10。

表 4-10 缝洞型油藏流体势调控技术政策表

油藏条件					调控参数	
水侵方向	水体倍数	能量状况	流势调整潜力评价		排水井的选择	排水量设计
侧 向	>50	强	有潜力	难实现	水源方向，靠近受效井排水	受效井液量 10 倍以上
	10~50	较 强	潜力大	较易于实现		受效井液量 5~10 倍
	<10	弱	潜力大	易于实现		受效井液量 2~5 倍
底 水	>50	强	有潜力	难实现	深部排水，条件允许可多向排水	受效井液量 12 倍以上
	10~50	较 强	潜力较大	较易于实现		受效井液量 7~10 倍
	<10	弱	潜力大	易于实现		受效井液量 3~7 倍

4.4 缝洞型油藏开发流体势调控技术应用

形成的碳酸盐岩缝洞型油藏流体势调控技术具有操作成本低、易推广特点，针对油水动用不均衡开发单元及井组，解决储量动用程度低效果显著，该技术在塔河油田已全面推广，成为进一步挖潜剩余油的关键技术。

4.4.1 提液降水体势能井例

TK646CH—TK611 井组位于 S80 单元油源断裂边部，井组间存在局部连通通道，靠近边底水油井产层段与水体连通性好，油井投产对深部水体水侵敏感。区域上见水优势方向明确；油井见水时间顺序明显，底水突破后，井组开发效果明显变差，如图 4-56 和图 4-57 所示。

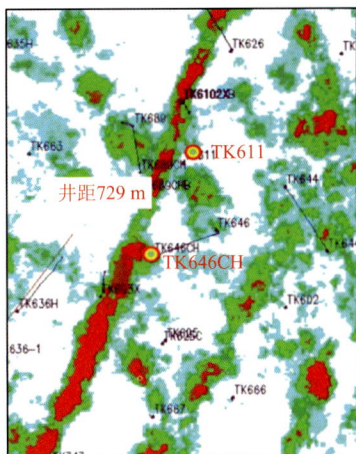

图 4-56　井组缝洞雕刻体

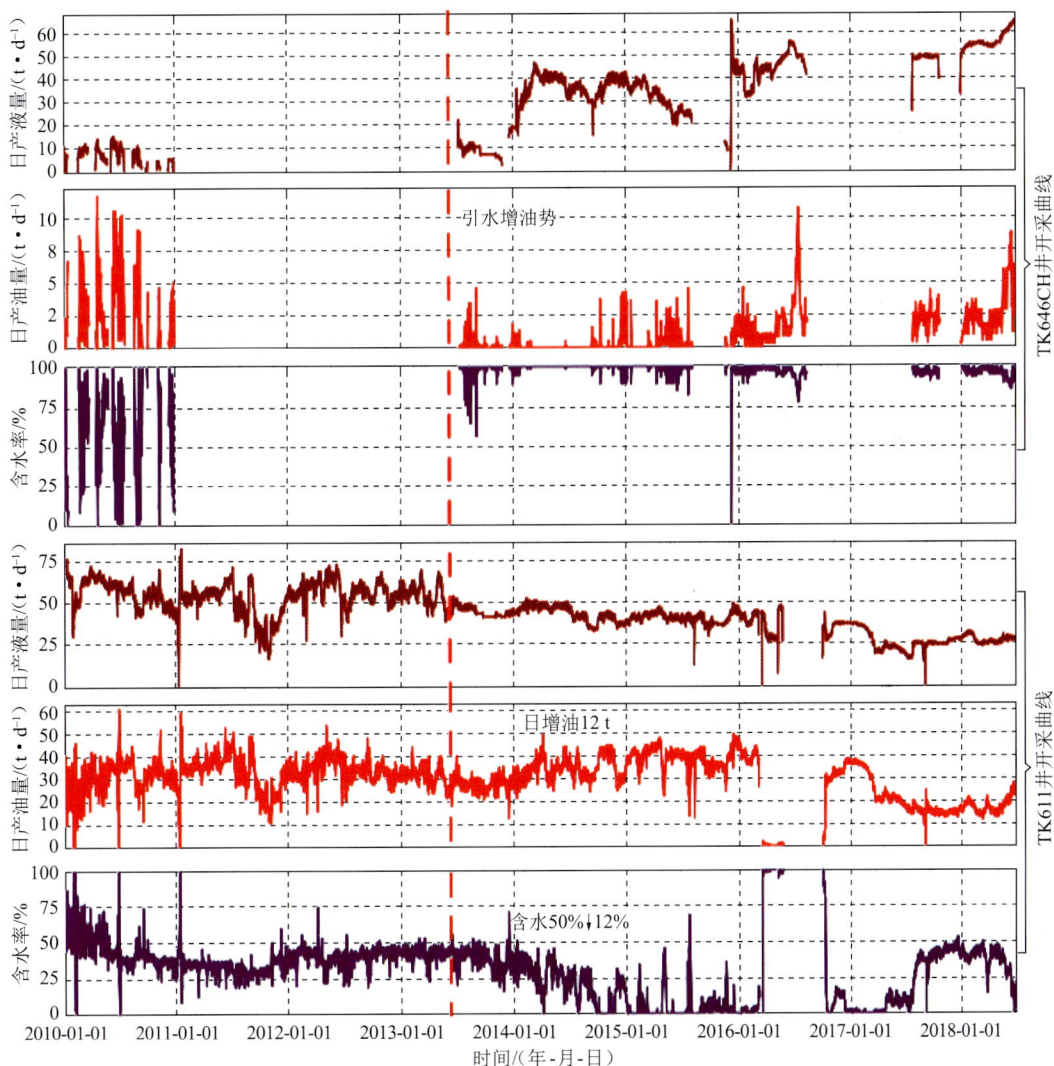

图 4-57　TK646CH—TK611 井组调流势生产效果曲线

　　基于井组地震、测井、地质和生产动态储集体描述成果，结合漏失放空等钻时录井资料，采取分类细化建模的方法，建立了 TK646CH—TK611 井组大型溶洞、溶蚀孔洞及断裂模型，为流体势时空动态演化模拟及调控技术政策优化奠定可靠地质基础。

　　TK646CH 井进山深度 126 m，水平段通过深切断裂与深部强能量底水沟通。井组投产后 TK646CH 完井后含水逐步上升，后快速水淹；而 TK611 井一直维持含水生产。井组总体能量充足，深部底水随着开发的进行，沿深部断裂快速抬升，造成井组基本没有明显的无水采油期，开发效果较差。如图 4-58 和图 4-59 所示，数值模拟水侵过程较准确地再现了井组开发历史，在对关键指标拟合基础上，定量计算井组流体势演变特征，并以此作为井组下一步调控方案优化的基础。

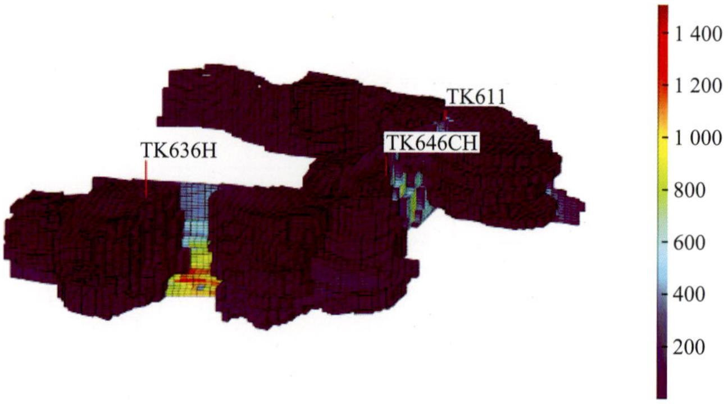

图 4-58　TK646CH—TK611 井组动能模型

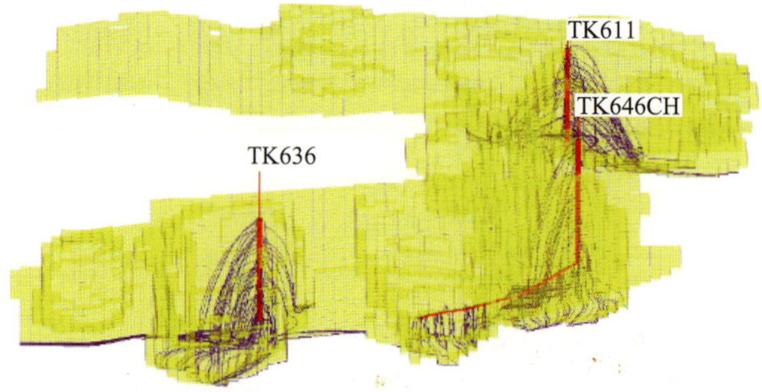

图 4-59　TK646CH—TK611 井组流势线分布图

　　由井组开发动态及流体势模型可以看出，井组深部底水区压能及深切断裂中动能较高，而 TK646CH 井位于 TK611 井水侵路径的关键节点处，且 TK646CH 井已完全水淹。因此，可以通过对 TK646CH 井进行提液排水降低水侵路径水相动能，延缓底水侵入速度，从而降低 TK611 井含水率，改善井组整体开发效果。

　　基于井组三维地质模型，应用数值模拟预测了排液强度比分别为 1∶2、1∶1、2∶1、3∶1、4∶1 和 5∶1 时预测期内增油量和综合含水率指标。模拟结果表明，当排采比为 4∶1 时，TK611 井（受效井）含水率明显降低，产油量出现回升，井组调整期内累积增油量最高。

4.4.2　引水增油体势能井例

　　AD4 单元位于塔河油田十二区西部，单元油气富集，阶段累产油 101 万吨，采出程度为

5.09％。但受边底水锥进影响,采油速度仅 0.33％,单元储采不平衡。前期单元分为三个连通井组,随着 AD4 单元平面井网逐步完善,单元内部各井组连通程度得到提高,井组之间流体及压力交换加速。TH12545 于 2015 年 4 月投产后,单元北部水体开始南侵。南部 AD4 井组能量上升,TH12523、AD4 相继水淹。TH12507 井组地层压力由 72.5 MPa↓72 MPa↓69MPa;AD4 单元能量由 64 MPa↓57 MPa↑68MPa,分析认为 TH12545 井投产后,单元能量自东向西传递,单元整体表现出压力逐渐平衡,底水由东向西锥进。

　　结合矿场实践及流体势表征软件,对该井组实施了流体势调控:对来水方向的TH12507CH 井提液,排水引流。通过调控前后单元流体势剖面对比图 4-60 可以看出,调控前 TH12507CH 井流势较高(水体势能),而 TH12523 井区流势较低。通过TH12507CH 井提液引效后,单元整体流体势场分布趋于平衡,有效减缓边水向 AD4 井区的侵入(图 4-61)。邻井 TH12545 含水下降至 0％,TH12510 井含水下降至 40％;TH12545、TH12523 井日增油为 25 t/d,井组阶段增油 8 826 t,如图 4-62 所示。

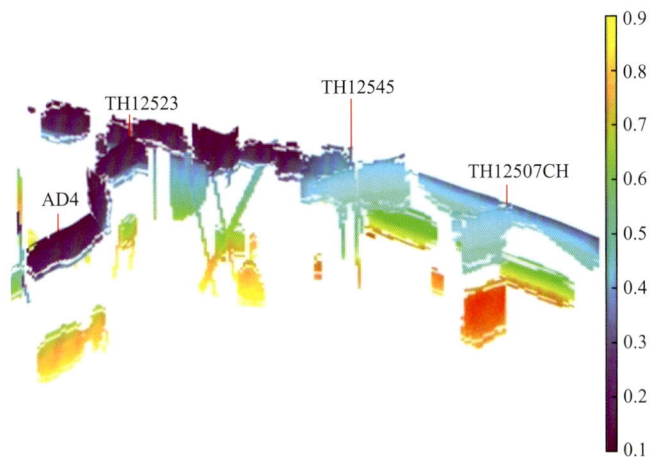

图 4-60　AD4 单元调控前流体势剖面

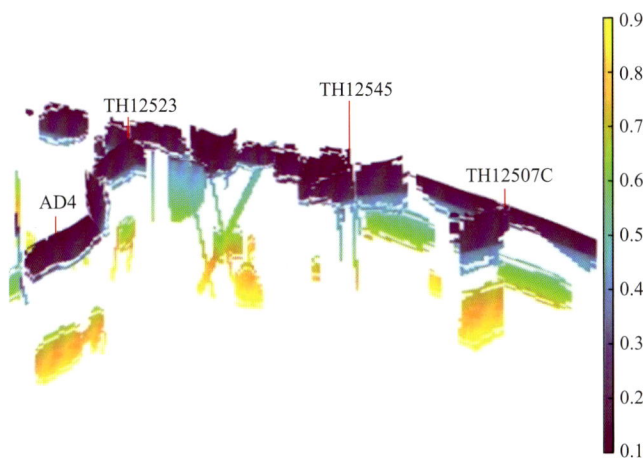

图 4-61　AD4 单元调控后流体势剖面

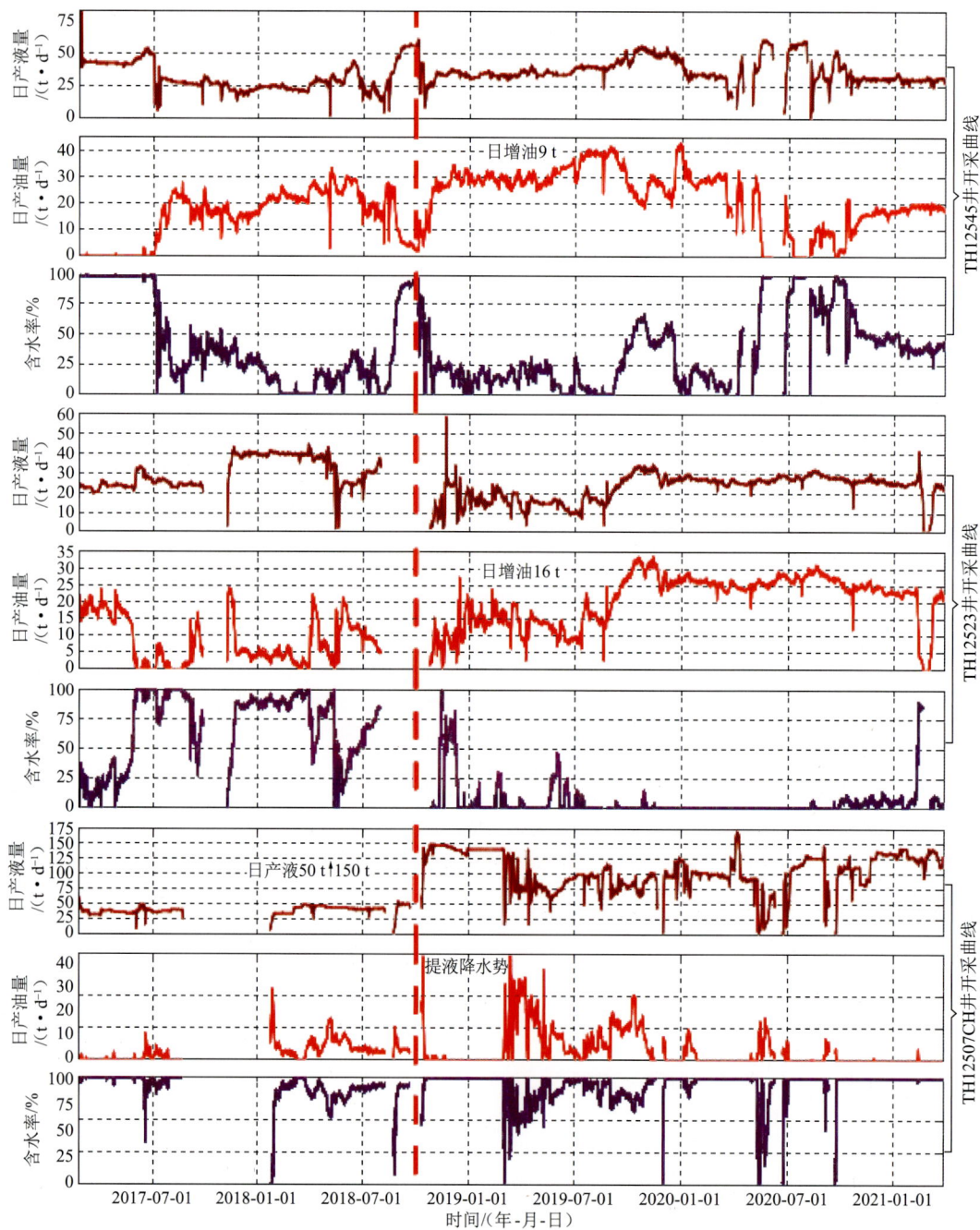

图 4-62　AD 井区调控流体势调控后生产曲线

第 5 章
碳酸盐岩缝洞型油藏调流道技术

碳酸盐岩缝洞型油藏注水具有见效快、沿裂缝通道易水窜的特点。针对注采井组形成水窜优势通道后剩余油动用难度大的问题,发展形成了碳酸盐岩缝洞型油藏调流道技术。建立缩缝调流、卡缝调流调流道增油机理,通过调内幕流道、调体间流道、调水驱方向三种模式,封堵水窜通道、动用次级通道,达到扩大水储量动用的目的。

5.1 缝洞型油藏调流道机理

塔河油田碳酸盐岩缝洞型油藏以裂缝为主要连通通道,以溶蚀孔洞为主要的储集空间,注水极易沿着优势水驱通道窜进,水窜治理难度大,常规孔隙型砂岩调驱技术不适用。为区别于常规的调驱技术,定义缝洞型油藏的连通通道为流道(流道为注水窜进的通道),定义解决缝洞型油藏注水水窜难题的工艺为调流道工艺。

根据不同尺度管流方程以及矿场实测数据,分析管道管径对注水效率的影响,笔者提出了缩缝和卡缝两种流道调整机理。

1)缩缝调流

通过向地层注入可分离(地层温度下)的颗粒体系,实现定点沉降放置,从而缩小裂缝尺度,提高次方向分水量,如图 5-1 所示。

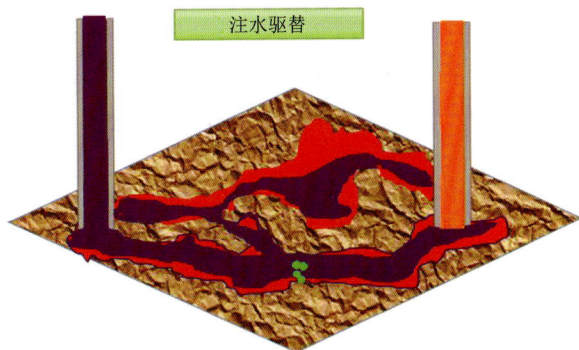

图 5-1 缩缝调流示意图

2）卡缝调流

通过向地层注入调流颗粒，颗粒随水运移，在地层中膨胀，卡封裂缝喉道，变换流道，动用次级通道，提高注水波及面积，如图 5-2 所示。

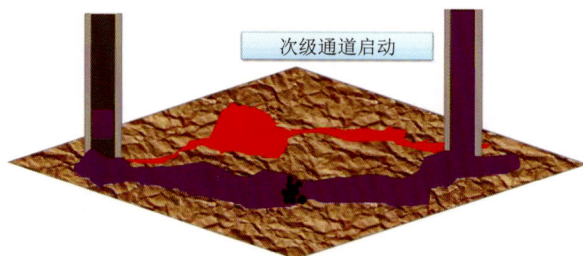

图 5-2　卡缝调流示意图

5.2　缝洞型油藏调流道模式及工艺技术

5.2.1　缝洞型油藏调流道模式

基于井间缝洞分布、连通关系和水驱路径参数，结合现场大量实践认识，明确单元水驱水窜屏蔽剩余油包括井间或井周储集体内幕结构未充分动用剩余油、注采井间多个储集体未有效动用剩余油、注采井组次级方向未有效动用剩余油，初步构建了调内幕流道、调体间流道、调水驱方向三种逐级调流模式，结合工艺技术制定了不同级次流道调整用剂体系标准（表 5-1），为同类型油藏逐级调流道提供借鉴。

表 5-1　不同级次流道调整用剂体系标准

调流级次	运移要求	水窜调控要求	调流用剂体系指标
调内幕流道	近井—远井（溶洞体）	堆积分流	① 与水相比密度稍大（1.14～1.19 g/cm³）； ② 颗粒粒径小（0.5～1.0 mm）； ③ 调控强度弱（<5 MPa）
调体间流道	近井—远井（交汇点）	卡堵转向	① 与水相比密度稍大（1.14～1.19 g/cm³）； ② 颗粒粒径适配（1～2 mm）； ③ 调控强度较强（<10 MPa）
调水驱方向	近井	卡堵/封堵转向	① 大于水密度（>1.19 g/cm³）； ② 颗粒粒径大（2～4 mm）； ③ 调控强度强（≥10 MPa）； ④ 耐冲刷强度 10PV（>80%）

1）调内幕流道模式

储集体内部存在多级流道及分割体，注入水易沿着主通道水驱，使储集体内部快速建立水窜通道，后续注水无法动用缝洞体内次级屏蔽分割体剩余油，导致水驱低效。选用小

粒径、密度异于地层水的调流用剂体系,并将其设计成不
同强度级别,启动不同启动压差的水驱流道,对储层内部
结构进行逐级动用,实现同一套储层内部流道的逐步调
整,最大限度地动用储集体内部剩余油,如图 5-3 所示。

2）调体间流道模式

一注一采井间存在多条连通通道、多套储集体的注
采井组,注入水易沿着优势储集体驱动,导致次级连通的
储集体动用程度低。配套不同位置的调流剂定点设计方
法,可实现调流剂定向封堵,封闭连通优势缝洞体的水驱
通道,实现次级缝洞体的动用,如图 5-4 所示。

3）调水驱方向模式

一注多采的注采井组中,注入水主要沿优势方向驱动,次级方向水驱动用程度低。采
用具备高强度卡堵特性的调流用剂体系,可调整平面上优势水驱方向,提高次级方向水驱
动用,如图 5-5 所示。

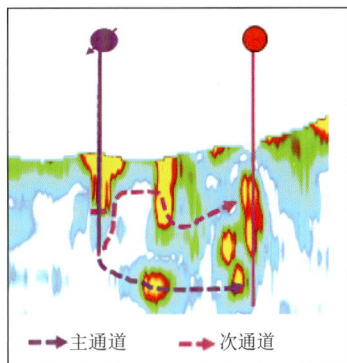

图 5-3　调内幕流道模式示意图

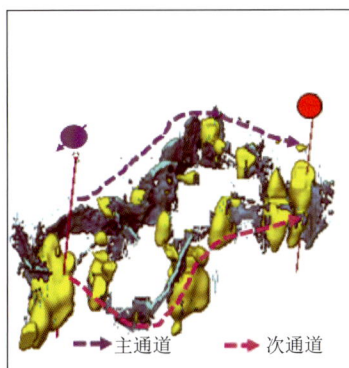

图 5-4　调体间流道模式示意图

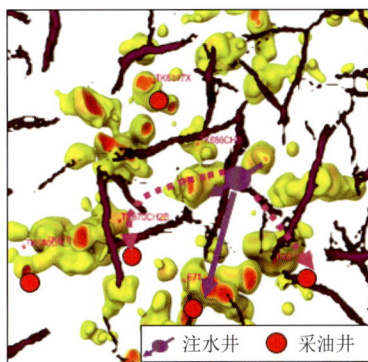

图 5-5　调水驱方向模式示意图

5.2.2　调流道施工与注入工艺

针对深部逐级调流需求,建立了调流剂深部运移图版、裂缝与颗粒匹配性图版,实现了
调流剂的定点放置和颗粒粒径、浓度优化设计,并设计了满足大颗粒泵注的高压调流泵,保
障了调流施工安全,基于示踪剂解释与动态数据反演建立了流道调整效果评价方法。

1）调流颗粒深部运移图版

基于三维可视化大型裂缝物理模型,通过物理模拟研究,取得了调流剂密度、携带液黏
度等参数对颗粒运移距离影响基础数据;构建了 CFD-DEM 的液-液-固三相数学模型,结合
FLUENT 管流数值模拟,开展了运移距离的敏感因素分析研究,明确了影响调流颗粒运移
距离的主要影响因素,得出颗粒粒径、裂缝倾角、携带液黏度是影响运移距离的主要因素,
裂缝宽度和颗粒浓度是次要因素,并建立了颗粒在裂缝中运移的参数设计方法,形成了调
流颗粒运移距离图版（图 5-6）。

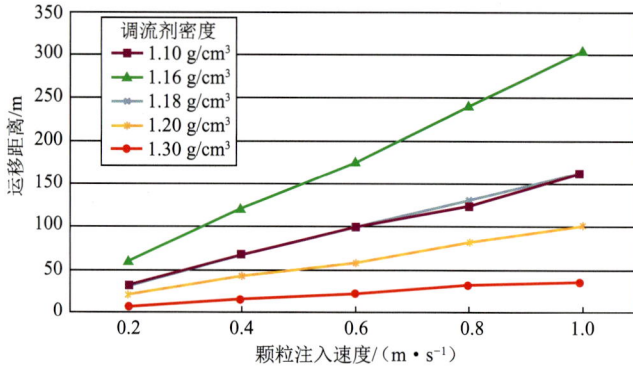

图 5-6 调流颗粒运移距离计算图版

粒径影响的修正：假设某一工况的输送颗粒粒径不同于主图版中的基本条件，首先通过查主图版图 5-6 得到直径 2 mm 颗粒的沉降距离为 L，则该粒径条件下的输送距离为：

$$L_d = Ly_d = (5 \times 10^{-7} \times d^{-2.291}) \times L \qquad (5\text{-}1)$$

式中　d——颗粒直径，m；

　　　y_d——颗粒运移距离。

流体黏度影响的修正：假定某一工况输送颗粒时流体黏度不同于主图版中的基本条件，首先通过主图版获得黏度为 1 mPa·s 时的沉降距离 L，则该黏度条件下的输送距离可以通过引入下式修正得到：

$$L_\mu = Ly_\mu = (0.996\ 1\mu - 0.017\ 8) \times L \qquad (5\text{-}2)$$

式中　μ——流体黏度，mPa·s。

裂缝倾角的修正：假定某一工况输送颗粒时裂缝倾角不同于主图版中的基本条件，首先通过主图版获得 90°裂缝时的沉降距离 L，则该倾角条件下的输送距离为：

$$L_{qj} = Ly_{qj} = (0.000\ 2\beta^2 - 0.032\ 8\beta + 2.556\ 2) \times L \qquad (5\text{-}3)$$

式中　β——裂缝倾角，(°)。

调流剂质量分数影响的修正：假定某一工况输送颗粒时调流剂质量分数不同于主图版中的基本条件(4%)，首先通过主图版获得 4% 时的沉降距离 L，则该条件下的输送距离为：

$$L_a = L/y_a = \frac{L}{-2.1\alpha + 1.081} \qquad (5\text{-}4)$$

式中　α——调流剂质量分数。

裂缝宽度对运移距离的影响：假定某一工况输送颗粒时裂缝宽度不同于主图版中的基本条件(6 mm)，首先通过主图版获得缝宽 6 mm 时的沉降距离 L，则该裂缝宽度条件下的输送距离为：

$$L_f = Ly_f = (0.000\ 2w^2 - 0.004\ 2w + 1.018\ 5) \times L \qquad (5\text{-}5)$$

式中　w——裂缝宽度。

多因素的影响修正：假定某一工况输送颗粒时有多个因素不同于主图版中的基本条件，可以通过对多个因素(粒径、倾角、质量分数、黏度、缝宽)一起进行修正获得最终的沉降距离，即

$$L_m = Ly_f y_d y_\mu y_{qj} y_a \qquad (5\text{-}6)$$

2）调流粒径与裂缝卡堵方法

针对传统砂岩架桥理论无法适用于裂缝型油藏的问题，开展了楔形模型室内实验，研究表明不同粒径的颗粒具有选择性进入裂缝的特性。实验显示质量分数 10％、粒径 2 mm 颗粒进入宽度为 3 mm 的裂缝困难，而宽度为 5 mm 的裂缝封堵效果最好，裂缝尺度与颗粒粒径匹配呈三次多项式关系，卡缝匹配中颗粒浓度敏感性远远弱于粒径，并明确了基于两种调流机理的颗粒设计原则。一是缩缝分流：采用颗粒粒径范围分布在小裂缝尺度线之上、封堵匹配线之下，可实现单向调整、调而不卡。二是卡堵转向：采用颗粒粒径分布在小裂缝尺度线之上、封堵匹配线及封堵线之上，可实现有效单向卡缝。

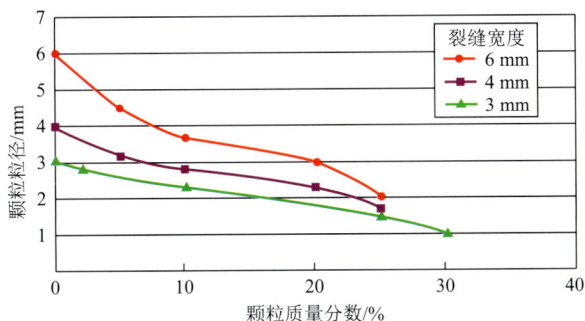

图 5-7　裂缝与颗粒匹配性图版

3）流道调整效果评价方法

参考水文地质岩溶示踪剂解释方法，可修正基于管流扩散理论的缝洞示踪剂解释模型，应用微粒群算法开发解释软件识别和定量计算窜流通道体积、流道宽度等参数，形成了流道调整效果评价方法。

（1）岩溶示踪剂形态解释理论。

岩溶示踪剂形态解释理论适用于塔河油田碳酸盐岩缝洞型油藏储层流道空间解释。国内学者杨立铮和刘俊业利用示踪曲线的形态对岩溶地下河的管道发育特征做出了初步的判断与解释，提出：略具对称的示踪剂单峰曲线可反映单一的岩溶管道；若 BTC 曲线为下降支平缓或有台阶的单峰曲线，则说明单管道途中有水池或者地下湖；若 BTC 曲线为独立多峰或连续多峰曲线，则说明岩溶管道为多管道型；若 BTC 曲线呈多峰曲线，且在有些峰的下降支有一平缓隆起或者呈台阶状，则说明岩溶管道为多管道有水池型。示踪实验数学模型的核心偏微分方程为：

$$\frac{\partial c}{\partial t} = D_L \frac{\partial^2 c}{\partial x^2} + D_T \frac{\partial^2 c}{\partial y^2} - v \frac{\partial c}{\partial x} \tag{5-7}$$

式中　c——示踪剂浓度；

T——运移时间；

D_L——纵向弥散系数；

D_T——横向弥散系数；

v——地下水平均流速。

式（5-7）是地下流场中的二维流体动力弥散方程。该方程是根据质量守恒原理推导出的，不受雷诺数的影响，既适用于快速流场，又适用于慢速流场。

在岩溶管道的示踪实验中可研究岩溶管道结构特征,评价流道调整实施前后岩溶管道体积、示踪剂回收量、平均滞留时间、示踪剂平均运移速度、佩克莱数等参数,进而评价调流实施效果。

(2)基于注采关系的井间连通程度定量计算模型。

选择动态响应法定性判断缝洞单元注采井间连通关系,基于定性判断结果,采用缝洞型油藏井间连通程度定量计算模型计算注采井间连通程度。静态地质资料分析表明,缝洞单元内部的生产井之间主要通过断裂连通,反映到具体的储集体类型上,注采井间主要通过裂缝和溶洞连通。在矿场中测得的缝洞型油藏渗透率均为基质渗透率,裂缝和溶洞的渗透率无法获取。基于达西渗流理论的井间连通程度计算模型无法进行缝洞型油藏注采井间连通程度计算。因此,需要建立缝洞型油藏注采井间连通程度定量计算模型。

利用缝洞型油藏井间连通程度定量计算模型对缝洞型油藏进行简化表征,将缝洞单元内注采井组看成是井间的连通单元,连通单元内部为等效流管连通,流管内部流动符合哈根-泊肃叶流动。模型如图5-8所示,其中 i、j 为注水井、生产井序号。

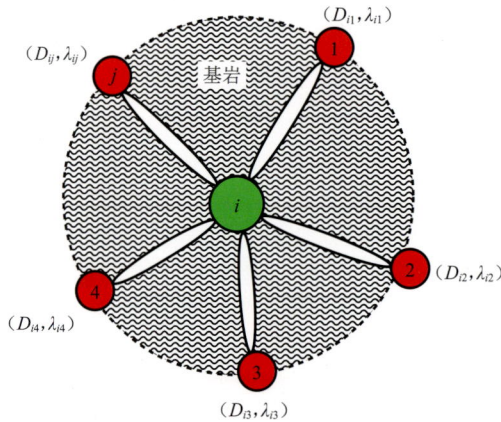

图 5-8 缝洞型油藏井间连通程度定量计算模型

模型假设:油藏内岩石和流体均微可压缩,且流体为连续流动;不考虑毛管力、重力作用及渗吸作用;基岩为不渗透层,不考虑基岩内流体的流动,基岩内流体不向裂缝和溶洞发生窜流;将裂缝和溶洞均等效成流管,流管内的流动满足哈根-泊肃叶方程。

哈根-泊肃叶方程是描述流体在水平圆管中做层流运动时的体积流量计算式:

$$Q = \frac{\pi R^4}{8\mu L}\Delta p \tag{5-8}$$

式中 Q——流管的体积流量,m^3/s;

R——流管直径,mm;

μ——流体的黏度,mPa·s;

L——流管的长度,m;

Δp——流管进出口端的压力差,MPa。

假设第 i 井为注水井,周围邻井均为生产井,则对第 i 井而言,基于哈根-泊肃叶流动建立的地层条件的物质平衡方程如下:

$$\sum_{j=1}^{n} \frac{\alpha \pi D_{ij}}{\mu \, L_{ij}} (p_j - p_i) + Q = C_t \, V_{pi} \frac{\mathrm{d}p_i}{\mathrm{d}t} \qquad (5\text{-}9)$$

该结论假设流管周围的基岩为不渗透层,基岩不向裂缝和溶洞发生窜流,则第 i 井的泄油体积 V_{pi} 为第 i 井与周围所有连通油井之间流管体积的一半之和,即:

$$V_{pi} = \sum_{j=1}^{n} \eta \beta \, D_{ij}^2 \, L_{ij} \qquad (5\text{-}10)$$

因此,基于管流理论的地层条件的物质平衡方程可以改写为:

$$\sum_{j=1}^{n} \frac{\alpha \pi D_{ij}}{\mu \, L_{ij}} (p_j - p_i) + Q = C_t \sum_{j=1}^{n} \eta \beta \, D_{ij}^2 \, L_{ij} \frac{\mathrm{d}p_i}{\mathrm{d}t} \qquad (5\text{-}11)$$

式中　n——油井数;

L_{ij}——注水井 i 和生产井 j 的井距,m;

D——流管的当量直径,mm;

p_i——第 i 井的泄油区平均压力,MPa;

p_j——第 j 井的泄油区平均压力,MPa;

Q——第 i 井的流量速度,注入为正,m³/s;

C_t——综合压缩系数,MPa^{-1};

α、μ——单位换算系数,取值为 2.119 5、0.392 5;

t——生产时间,d。

典型注水井 TK7-459H 井示踪剂解释与动态数据反演解释结果对比见表 5-2。

表 5-2　TK7-459H 井示踪剂解释与动态数据反演解释结果对比表

注水井	生产井	示踪剂解释结果				动态数据反演解释结果	
		调 前		调 后		调 前	调 后
		流道截面积/m²	流道直径/m	流道截面积/m²	流道直径/m	流道直径/m	流道直径/m
TK7-459H	TK733CH	2.48	2.39(双通道)	1.17	1.22	2.47	1.24
	TK768X	1.82	2.01(双通道)	0.93	1.09	2.41	0.89
	TK714CH	2.15	2.23(双通道)	1.12	1.19	2.53	1.33
	TK777X	1.29	1.28(单通道)	1.51	1.39	0.96	1.24

5.3　调流道选井原则

自 2015 年开展缝洞型油藏调流道实践以来,受油藏认识不足和配套工艺技术限制,现场综合有效率仅 60%,注采井组类型、注采阶段均是影响调流道效果的重要因素。

结合调流道增油效果,经过大量统计分析,从水驱状况、剩余油状况、连通状况与工艺状况四方面出发,初步确定 8 项调流道选井原则(表 5-3),为提高调流道有效率提供了基础。

表 5-3 缝洞型油藏调流道选井原则

类　别	参考指标	选井标准
水驱状况	水驱阶段	(1) 驱替效果处于变差或失效阶段； (2) 受效井综合含水率达 85％以上
	水驱效果	(1) 水驱阶段动态响应特征明显； (2) 具有明显增油效果
剩余油状况	分布模式	优选级通道剩余油，分隔缝洞体剩余油次之，河道盲端剩余油最后
	可采规模	井组水驱剩余可采储量≥1×10⁴ t(满足经济性)
连通状况	通道数量	(1) 静态：缝洞空间结构上井间有≥2 条连通通道； (2) 动态：示踪剂响应曲线呈多峰特征，干扰试井显示多次信号波
	连通方式	小尺度裂缝优先，大尺度裂缝次之，溶洞连通最后
	对应关系	(1) 平面：优选多向注采井组，避免一注一采； (2) 纵向：优选低注高采、同层注采井组，避免高注低采
工艺状况	井筒条件	优选测试过吸剖井、井筒完整、无砂埋或落鱼、不带筛管

5.4　调流道应用实例

5.4.1　调水驱方向井组实例

TK651CH 井组位于 S74 单元构造局部岩溶残丘高部位，单元内发育一条北北东向断裂和一条近东西向断裂，同时伴生次级断裂，如图 5-9(a)所示。通过分析地震资料可知：沿岩溶残丘走向的地震剖面上，上部异常反射特征相对明显，且连片性较好，而中深部异常反射特征不明显；沿断裂走向的地震剖面上，中深部串珠状反射特征明显，上部异常反射特征

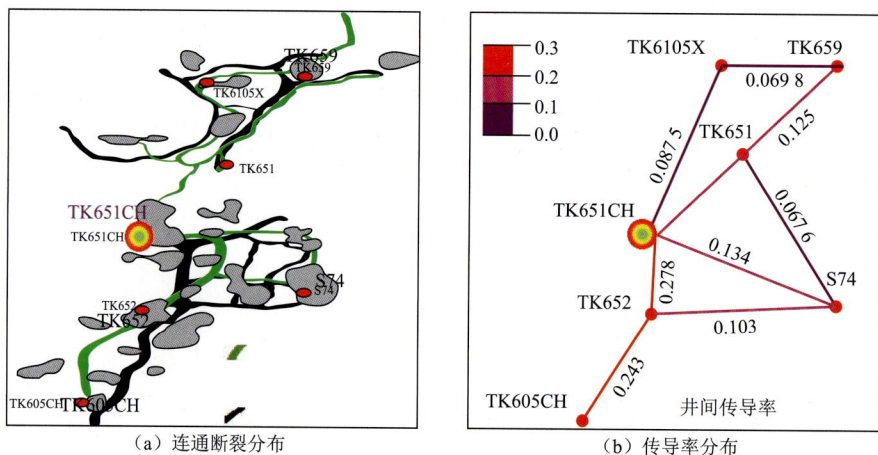

(a) 连通断裂分布　　　　　(b) 传导率分布

图 5-9　TK651CH 井组井间传导率和连通关系图

相对不明显。综合分析认为该单元发育至少 2 套储层,表层受构造控制,储层连片分布,是单元主产层和连通主要层位,也是水驱开发的主要层位,中下部受断裂控制,储层沿断裂走向呈条带状分布,储集体类型综合判断为裂缝-孔洞型。

针对 TK651CH 井组注水效果变差、水流优势通道明显、井间水驱波及范围受限的问题,设计多轮次不同强度、不同处理半径流道调整。实践证明抑制 TK651CH—TK652 深部优势水窜通道得到很好效果(图 5-9b):一是 TK651CH—TK652 主通道不同级别缝洞体系的启动产出改善;二是次通道方向的分水量得到强化,TK651CH—S74 与 TK651CH 方向受效明显改善,如图 5-10 所示。施工过程中采用了冻胶＋颗粒堵剂封堵 TK651CH—TK652 主窜大通道,实现了部分液流转向,主通道方向的次级通道剩余油得到动用。实施后阶段增油 1 万余吨,同时证实了实施层内分套注水的可行性。

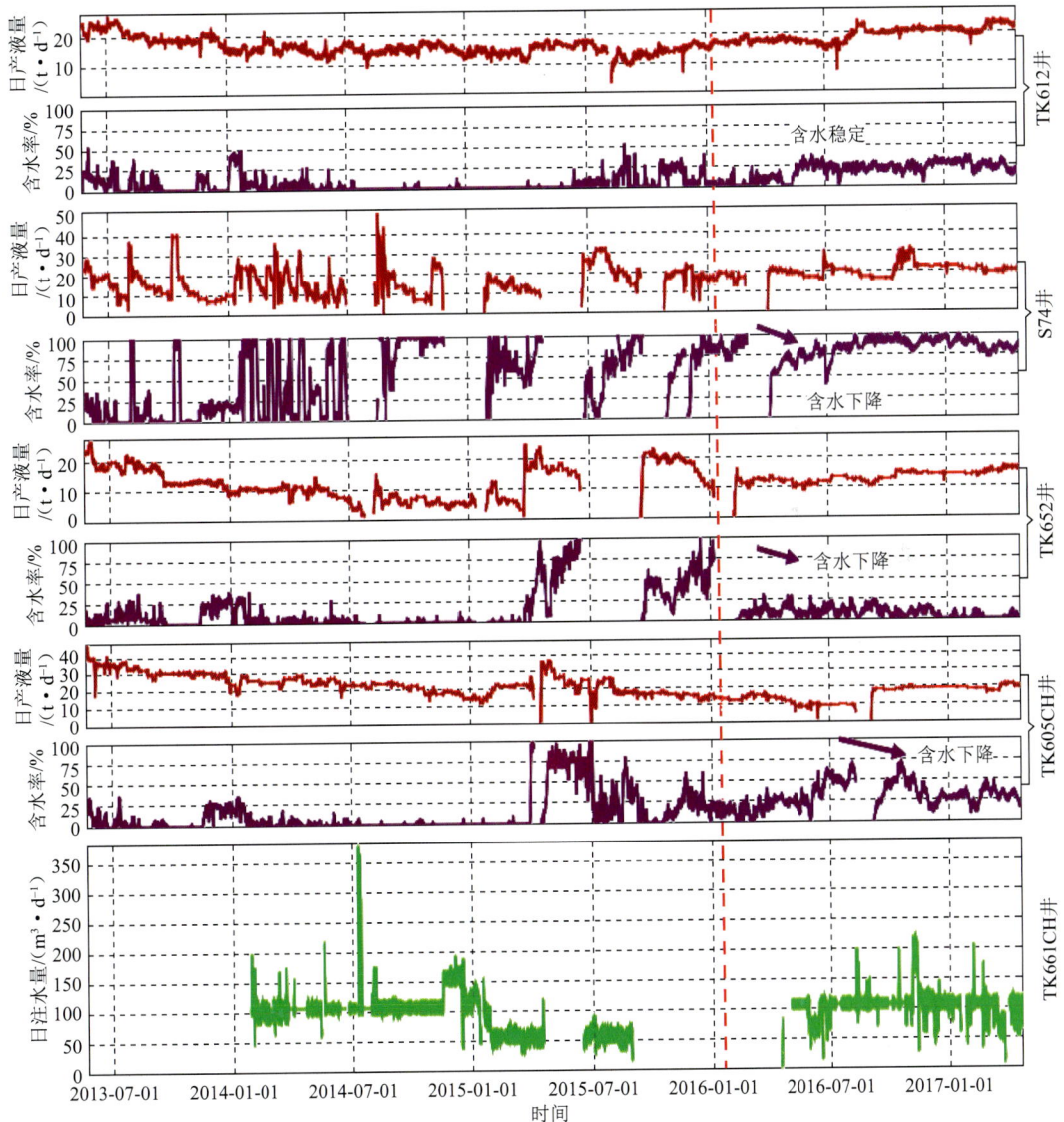

图 5-10　TK651CH 井组调流道前后注采曲线

5.4.2　调体间流通井组实例

受断裂、暗河控制，TK6109 井组注入水下渗进入暗河，注水 $7.1×10^4$ m³ 后邻井无响应，开展流道调整现场试验，注入调流颗粒 15.2 t，调流期间压力突升（由 10 MPa 升至 24 MPa），颗粒形成强封堵。调流后邻井 TK653 和 TK628 受效明显，阶段增油 4 028 t，如图 5-11、图 5-12 所示。

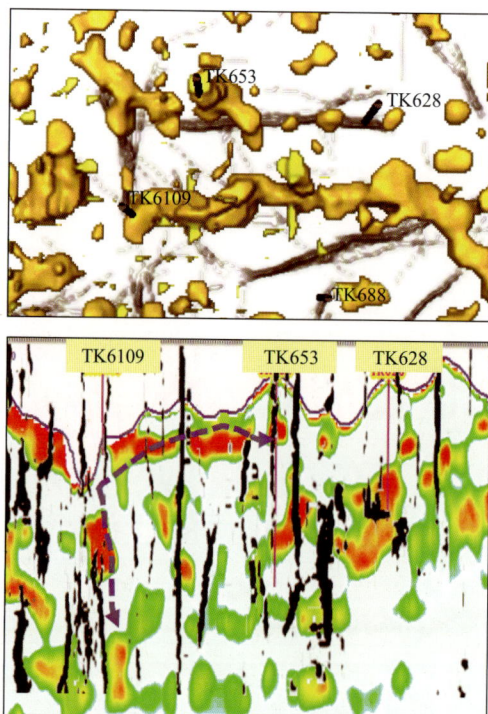

图 5-11　TK6109 井组缝洞雕刻连通图

5.4.3　调内幕流道井组实例

TH10285 井组处于次级断裂带夹持区，断裂溶蚀程度高，井间储集体发育且纵向存在多条连通通道（图 5-13）。该井组建立注采关系期间通过温和补充能量增油效果较好，后期随多轮次大量注水发生水窜。分析认为，井间纵向储集体动用不均衡，设计采用大排量注入中密度弹性颗粒封堵纵向主要通道，调整内幕注采结构，实现扩大剩余油波及的目的。

鉴于 TH10285 井组储集体规模大，溶洞发育明显，采取多轮次分级调流道设计。第一轮调流道封堵主流道大型裂缝通道，第二轮加大封堵规模，进一步实现内幕注采结构调整，动用次级发育规模溶洞剩余油。调流后 TH10208 井的产能得到有效恢复，实现日增油 10 t，阶段增油近 3 000 t，如图 5-14 所示。

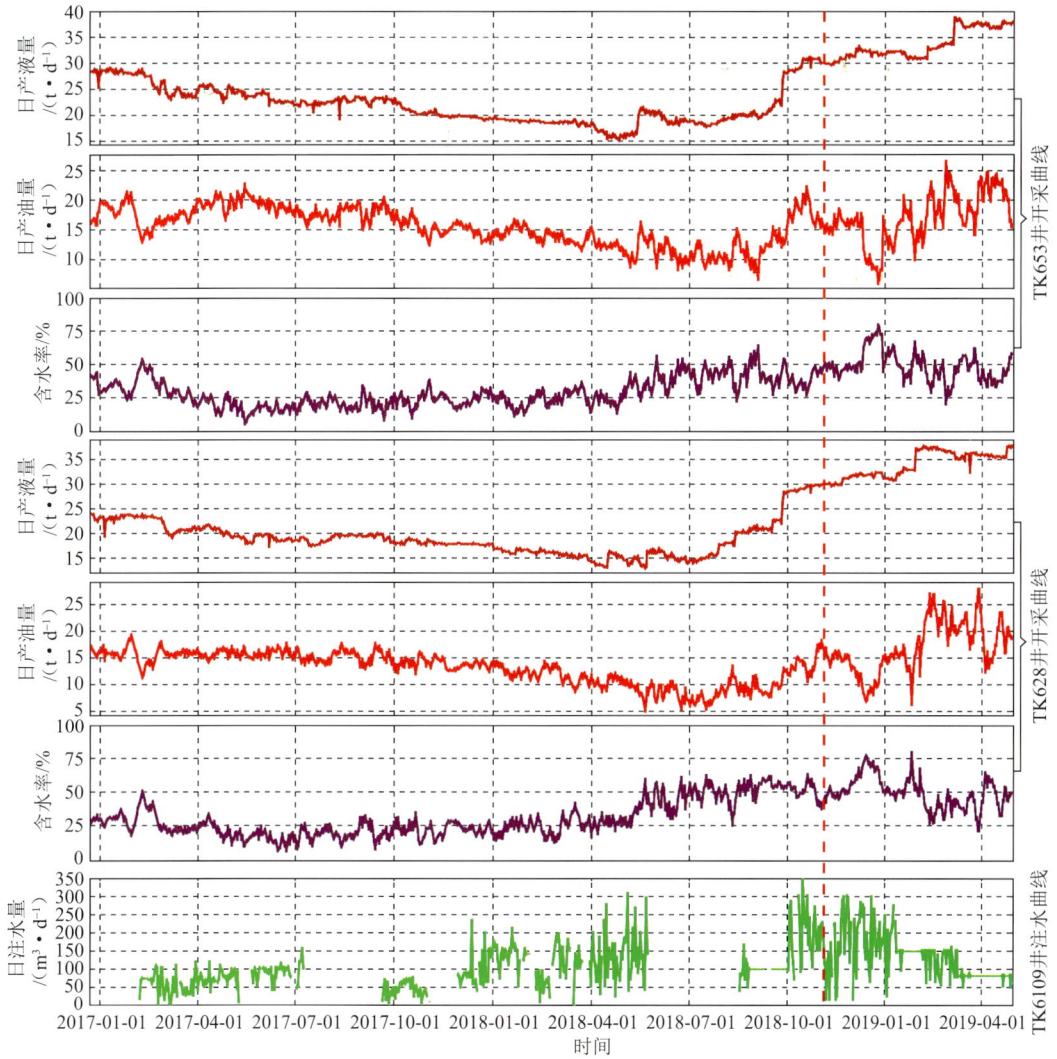

图 5-12　TK6109 井组调流道前后注采曲线

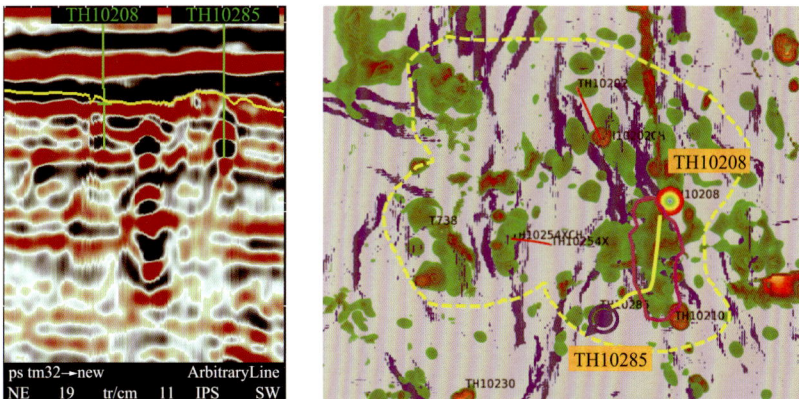

图 5-13　TH10285 井组地震及平面缝洞分布图

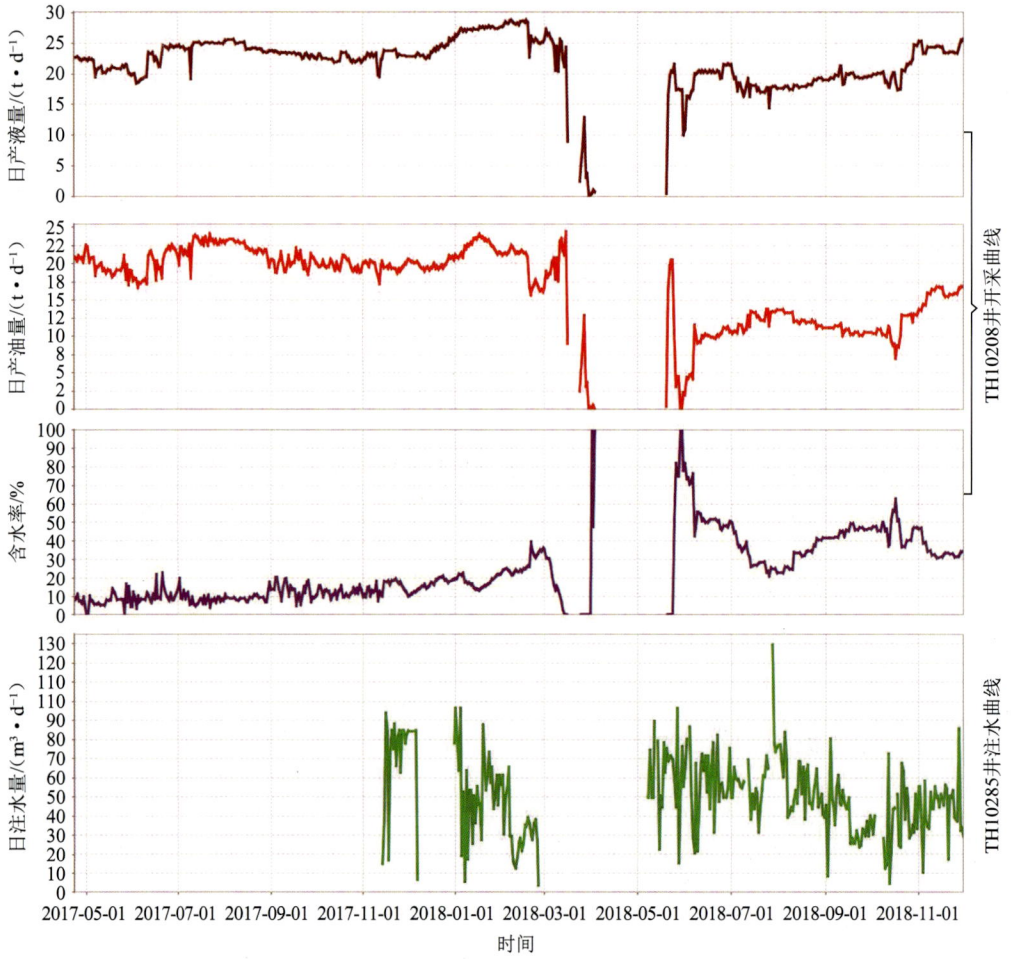

图 5-14　TH10285 井组调流道前后注采曲线

第 6 章
碳酸盐岩缝洞型油藏注水开发效果综合评价

本章根据油藏水驱效果测试指标及方法,通过各类数学方法,建立了碳酸盐岩缝洞型油藏注水开发效果评价指标体系,包括注水单元效果评价体系和注水井组效果评价体系。通过现场生产实际指标,利用聚类分析、因素分析等方法,划分评价指标界限,进行了指标权重划分和水驱效果评价测试,总结综合评分分布规律,并对综合评分低分井和指标评分分布进行分析,为同类油藏综合评价提供了指标参考和界限依据。

6.1 油藏水驱效果评价方法及指标构建模式

6.1.1 水驱效果评价方法

水驱效果评价主要沿单因素和多因素评价两个研究方向进行。

(1)单因素评价。通过对评价对象(单井、井组或者单元)的某个具体评价指标进行研究,分析该指标的变化过程或者目前的状态进而评价该评价对象目前的生产状态。在水驱开发效果评价中,基于采收率、含水率或自然递减率的单因素评价分析研究开展较多。

(2)多因素综合评价。对评价对象(单井、井组或者单元)的多个评价指标进行综合分析研究。通常根据不同的地质背景以及评价要求提出个性化的评价指标体系,再通过一定的数学方法分析该评价对象水驱开发的综合状况。目前水驱效果的多因素综合评价开展的研究较多,中原油田、江苏油田均已经开展过相关研究,并根据自身的地质状况提出相应的评价指标。

通过开展水驱效果评价因素研究,提出适用于缝洞型油藏地质背景的水驱效果评价指标体系,进而通过聚类分析、因素分析、层次分析、模糊评价以及神经网络评价等数学方法,完成水驱效果综合评价。

6.1.2 水驱效果评价指标构建模式

目前,构建油田注水效果评价指标体系的主要模式有以下三种。

1) 分类模式

该方法将不同的注采指标进行归纳总结,形成描述
注水效果、采油效果、井网完善程度、开发效果以及注采
关系的各类指标体系,在每一个指标体系中逐个筛选,排
除重复指标、无效指标以及联系不明显指标,形成了最终
的注水效果指标评价体系,如图 6-1 所示。

2) 输入-产出追踪模式

近年来有学者提出,通过追踪注入水的流向,利用不
同的指标对各个注入水的去向进行评价,进而提出了注
水效果评价指标体系(图 6-2)。对于缝洞型油藏,注入水
的主要去向有漏失、升压、水窜以及驱油,分别可以用存

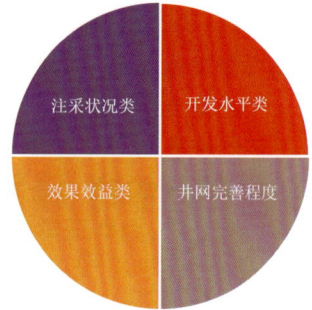

图 6-1　常见的分类模式

水率(注入水与产出水之差与注入水的比值)、能量保持程度、含水率以及人工驱油指数进
行评价。该方法优点明显,思路清晰,可以利用公式进行精确的刻画描述。但也存在各个
指标不能完全反映水流去向以及各个指标之间有交叉的问题。

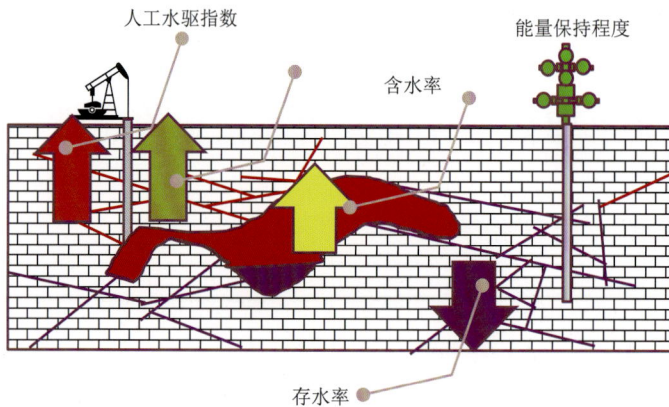

图 6-2　追踪模式示意图

3) 相关性分析模式

有学者通过统计大量注水单元的各个指标的评价数据,利用相关性分析,逐步分析各个
指标之间的相关性,而每一次分析均会排除一个相关性指数最高的注水效果评价指标,进行
多次后,直到剩下 7~8 个指标为止(表 6-1)。该方法完全是建立在数学相关性分析的基础
上,没有考虑油藏工程实际意义,最终得出结果的数学相关性可能较小,避免了指标重复的问
题,但脱离了注水效果评价的最初目的,无法提出充分反映油田注水效果的评价指标。

表 6-1　指标相关性分析示意表

指标	1	2	3	4	5	6	7	8
第一轮相关分析	0.82	0.84	0.92	0.95	0.63	0.74	0.72	0.96
第二轮相关分析	0.93	0.7	0.85	0.89	0.86	0.82	0.75	排　除
第三轮相关分析	排　除	0.76	0.92	0.9	0.76	0.84	0.83	排　除

通过上述分析,提出适用性与实用性均较高的注水效果评价指标,需要采用第一种和第三种模式结合的方法,即进行板块分类,分析各个指标机理,排除无效指标,筛选有用指标。同时结合数学分析方法,排除相关性较高的指标,最终形成较为完善的碳酸盐岩注水效果评价指标体系。

6.1.3　常用水驱效果评价指标体系

1) 水驱效果评价指标体系发展历程

1996 年颁布了 SY/T 6219—1996《油田开发水平分级》(表 6-2)。该标准规定了陆上主要油藏开发水平分级的指标体系以及各项指标分类的定量界限值,适用于陆上主要油藏开发水平的评价与分类。重点针对下列 5 大类油藏制定了开发水平分级标准。

(1) 中高渗透率层状砂岩油藏;

(2) 低渗透率(含裂缝型低渗透)砂岩油藏;

(3) 砾岩油藏;

(4) 复杂断块油藏;

(5) 碳酸盐岩裂缝型油藏。

表 6-2　砾岩油藏开发水平分类指标表(1996)

序　号	项　目		类　别		
			一	二	三
1	水驱储量控制程度/%		≥80	60~<80	<60
2	水驱储量动用程度/%		≥70	50~<70	<50
3	能量保持水平和能量利用程度				
4	水驱状况				
5	剩余可采储量采油速度/%	采出程度小于50%	≥5	4~<5	<4
		采出程度大于或等于50%	≥7	5~<7	<5
6	年产油量综合递减率/%	采出程度小于50%	≤7	>7~10	>10
		采出程度大于或等于50%	≤9	>9~12	>12

注:① 根据地层压力保持程度和提高排液量的需要,能量保持水平分为下列三类:

　a.一类,地层压力为饱和压力的 85% 以上,能满足油井不断提高排液量的需要,也不会造成油层脱气;

　b.二类,虽未造成油层脱气,但不能满足油井提高排液量的需要;

　c.三类,既造成油层脱气,又不能满足油井提高排液量的需要。

② 能量利用程度分为以下三类:

　a.一类,油井平均生产压差逐年增大;

　b.二类,油井平均生产压差基本稳定(10%以内);

　c.三类,油井平均生产压差逐年减小。

③ 按综合含水和采出程度关系曲线(或水驱特征曲线)发展趋势分类:

　a.一类油藏,应在已经达到开发方案设计的综合含水和采出程度曲线以上运行,向提高采收率方向发展;

　b.二类油藏,实际开发曲线接近开发方案设计的综合含水和采出程度曲线;

　c.三类油藏,未达到方案设计的采收率,向降低采收率方向变化。

2003 年,胜利油田发布了《油藏经营管理评价体系》,涵盖了油藏、采油、管理等各个方面的多个指标(表 6-3),较之前体系增加了稠油和稀油的考核标准,可以针对稠油油藏作简单的开发效果评价。不足之处在于油藏方面的评价指标太少不能准确评价注水开发效果。该体系针对胜利油田内部提出,没有形成统一的标准。

表 6-3　中高渗整装砂岩油藏经营管理水平考核标准(2003)

序　号	考核指标			考核标准		
				Ⅰ类	Ⅱ类	Ⅲ类
1	含水上升率 /%	稀　油	含水<20%	<1.0	1.0~1.5	1.5~2.00
			20%~80%	<2.0	2.0~2.5	2.5~3.0
			>80%	<1.0	1.0~1.5	1.5~2.0
		常规稠油	含水<20%	<2.5	2.5~3.0	3.0~3.5
			20%~80%	<3.5	3.5~4.5	4.5~5.0
			>80%	<1.0	1.0~1.5	1.5~2.0
2	自然递减率 /%		含水<60%	<20	20~25	25~30
			60%~90%	<15	15~20	20~25
			>90%	<12	12~15	15~18
3	水驱储量控制程度/%			>85	>70~85	>60~70
4	油水井利用率/%			>90	>80~90	>70~80
5	措施有效率/%			>80	>75~80	>70~75
6	注水合格率/%			>80	>75~80	>70~75
7	水质达标状况/项			>9	>7~9	>5~7
8	油井免修期/d			>500	>400~500	>300~400
9	资料全准率/%			>98	>95~98	>90~95

2005—2006 年,为解决指标之间存在评价矛盾和缺乏综合性的问题,建立了水驱开发潜力评价指标体系(表 6-4),该指标体系有以下特点:

(1) 开发潜力可评价油藏自身的地质条件,开发效果可评价工程技术对油藏地质条件的适应性;

(2) 单从地质条件出发来评价采收率,依据不足;

(3) 该评价指标体系未考虑经济条件对开发潜力及开发效果的影响。

2008 年,姜瑞忠、刘小波等人认为,高含水油田开发效果评价涉及井网密度、注采井数比等在内的 40 余个指标,但有些指标对开发效果的影响是重复的;有些指标虽然是独立的,但对高含水期的油田开发效果影响较小。因此,通过逻辑分析方法确定以动用储量采油速度、无因次采油速度、动用储量采出程度、剩余采油速度、含水上升率、含水率、可采储量采出程度及综合递减率 8 个指标作为开发效果初选评价指标。

整体来说,油藏水驱效果评价测试研究经历了从单因素评价到多因素评价的过程,评价指标体系经历了从普适性指标发展到针对不同的评价地质背景以及开发状况的个性化评价指标的演变。

表 6-4　油藏水驱开发潜力评价指标体系(2005—2006)

	颗粒结构	颗粒粒度
		颗粒分选性
	岩石孔隙结构	喉道均质系数
		孔喉分选系数
		歪　度
		饱和度中值压力
		退汞效率
		孔隙度
油藏水驱 开发潜力	储层渗流物性	储层渗透率
		储层非均质性
		储层润湿性
	储层敏感性	水敏性
		速敏性
	含油气砂体分布	有效厚度
		平均单层厚度
		有效钻遇率
	含油气砂体分布	有效砂岩系数
		砂岩有效分布系数
		过渡带储量大小
	储层能量	单储压降
		无因次弹性产量比
	原油物性	黏　度
		含蜡量
		胶质沥清含量

2) 低渗整装油藏注水开发效果评价指标体系

2005 年,黄炳光、罗银富提出,反映低渗透砂岩油藏水驱开发效果的指标应包括水驱储量控制程度、水驱储量动用程度、可采储量、含水率、含水上升率、存水率、注水量、能量的保持和利用程度、剩余可采储量采油速度和年产油量综合递减率 10 个方面。针对宝浪油田建立了一套反映低渗透砂岩油藏水驱开发效果的指标体系。其中含水上升率评价系数指标的创新性引入使得低渗透砂岩油藏水驱开发效果评价体系更为完善,评价更为科学合理。

2006 年,周红、国梁等人针对大王北油田大 48 井区典型的水驱低渗透非均质砂岩储层,以大王北油田大 48 井区为例,提出水驱低渗透非均质砂岩油藏 7 类 8 项开发效果评价指标,即油田的注入倍数增长率、存水率、含水率、注采比、累积亏空等。

2009年,刘义坤、支继强基于高含水油藏动态分析和油藏工程的综合研究,结合系统工程、层次分析原理、灰色关联法和油藏工程等方法,针对低渗透砂岩油藏的水驱开发效果,提出了高含水期砂岩油田水驱开发效果的评价指标(包括水驱储量控制程度、可采储量及采收率、含水率、含水上升率、存水率、耗水量、水驱指数和能量保持程度8个方面)和评价标准及其计算方法,从不同的角度建立了适应高含水期水驱砂岩油田开发的储量动用状况评价体系。对鄯善油田三间房油藏建立了低渗透砂岩油藏水驱开发效果评价的理论基础,并对其水驱开发效果进行综合评价。

3)中高渗整装油藏注水开发效果评价指标体系

2008年,冯其红、王滨通过逻辑分析、灰色关联分析、矿场统计分析等方法,筛选出了评价中高渗高含水油田水驱开发效果的水驱控制程度、水驱动用程度、注采比、能量保持程度自然递减率综合递减率等12个开发评价指标进入最终评价指标体系。

2009年,苑保国认为油田开发效果评价体系一般包括开发效果评价指标、开发效果评价指标的标准、开发效果评价指标的权重和开发效果评价方法等四个方面的内容。

2013年,张继成、代云鹏结合辽河中高渗油藏22个区块开发实际,开展了开发特征分析、开发效果综合评价以及技术对策研究,通过对实际油田情况的总结、分析和全方位研究,形成系统的研究方法和思路,按照中国石油天然气总公司1996年颁布的《油田开发水平分级》行业标准,并参考有关文献及中高渗注水油藏的实际开发情况,对不同开发阶段注水油藏开发效果进行分级。根据注水油藏实际地质特征参数和生产特征参数,选取水驱储量控制程度、水驱储量动用程度、能量保持水平、剩余可采储量采油速度、采收率、注入孔隙体积倍数、即时含水采出比、综合递减率和自然递减率作为中高渗注水油藏的综合评价指标。

通过分析制约中高渗油藏开发效果的主控因素,并结合油藏的地质特征实现了渤海湾地区中高渗油藏的横向对比,明确了辽河中高渗油藏所处的水平。从水驱开发状况的分析出发,提出了人工注水开发效果评价方法(表6-5)。

表6-5 中高渗油藏高含水期注水开发效果评价指标体系

序号	项目		类别		
			一	二	三
1	水驱储量控制程度/%		≥85	70～<85	<70
2	水驱储量动用程度/%		≥75	60～<75	<60
3	能量保持水平和能量利用程度				
4	水驱状况				
5	剩余可采储量采油速度/%	采出程度小于50%	≥5	4～<5	<4
		采出程度大于或等于50%	≥7	5～<7	<5
6	年产油量综合递减率/%	采出程度小于50%	≤5	>5～7	>7
		采出程度大于或等于50%	≤7	>7～9	>9

4)复杂断块油藏注水开发效果评价指标体系

2009年,针对我国陆相碎屑岩储层油藏注水开发的具体特征,中国石油天然气总公司开发生产局就注水开发方式选择专门制定了《高效开发评价体系》行业标准,其对应的复杂断块油田开发技术指标见表 6-6。2009 年,李治平、汪子昊对岔 30 断块实施注水开发以后的储量变化趋势及储量动用程度、产量变化趋势及产量变化规律、地层压力保持水平、油田综合含水变化规律、油田注入水利用效率等 5 个方面展开了综合研究,基于这 5 个方面的考虑,选取了采收率与可采储量、水驱储量控制程度、水驱储量动用程度、剩余可采储量采油速度、年产油量综合递减率、产量递减规律、地层压力保持水平、含水率及含水上升率、存水率、水驱指数和耗水指数 11 项指标作为复杂断块油藏注水开发效果评价指标。

表 6-6　《高效开发评价体系》复杂断块油藏行业标准

序　号	评比指标		评比分类			权　重
			1	2	3	
1	标定采收率/%		≥30	20～<30	<20	0.8
2	自然递减率/%	采出程度小于 50%	<10	10～<13	≥13	0.7
		采出程度大于或等于 50%	<11	11～<14	≥14	
3	综合递减率/%	采出程度小于 50%	<5	5～<7	≥7	0.7
		采出程度大于或等于 50%	<7	7～<10	≥10	
4	总递减率/%	采出程度小于 50%	<-1	-1～<0	≥0	0.7
		采出程度大于或等于 50%	<2	2～<3	≥3	
5	水驱储量动用程度/%		≥70	50～<70	<50	0.8
6	剩余可采储量采油速度/%	采出程度小于 50%	≥5	4～<5	<4	0.8
		采出程度大于或等于 50%	≥9	7～<9	<7	
7	地下存水率/%	采出程度小于 50%	≥50	35～<50	<35	0.8
		采出程度大于或等于 50%	≥65	55～<65	<55	
8	含水上升率/%	采出程度小于 50%	≤2	>2～2.5	>2.5	0.8
		采出程度大于或等于 50%	≤1	>1～1.5	>1.5	

5）塔河碎屑岩油藏注水开发效果评价指标体系

根据储层的展布规律,弱能量油藏大致可划分为三种类型,层状边水油藏、河道砂岩油藏和岩性油藏。GK2 区块白垩系油藏、西达里亚油田上油组 1-1 油藏属于层状边水油藏,三区石炭系油藏属于岩性油藏,8 个区块属于河道砂岩油藏。从沉积类型来看,层状边水油藏以辫状河平原或前缘沉积为主,分布面积较大;河道砂岩油藏以辫状河三角洲前缘单一的水下分流河道为主,储层呈条带状分布,宽度较窄;岩性油藏仅发现三区石炭系卡拉沙依组,潮坪相沉积,表现为砂泥岩薄互层。

通过与大港油田、河南油田、胜利油田、辽河油田做对比发现大港油田的区块构造形态、能量大小、储层物性、流体性质与塔河碎屑岩油藏相似。因此,借鉴大港油田的注水开发效果评价指标体系,构建适合于塔河碎屑岩油藏注水开发效果评价的指标体系(表6-7)。

表 6-7　塔河碎屑岩油藏注水开发效果评价指标体系

分　类	类　型	评价指标
油　藏	综合效果指标	提高采收率/%
	注采平衡指标	阶段注采比
		能量保持程度/%
	注水指标	存水率/%
		水驱指数/%
	采油指标	含水上升率/%
		自然递减率/%
	采油指标	水驱控制程度/%
		水驱动用程度/%
管　理	水井开井率/%	
效　益	方水换油率/(t·m⁻³)	

6）水驱效果评价指标统计

根据上述思路，总结了近年来碎屑岩油藏以及碳酸盐岩油藏注水效果评价领域提出的5类34项评价指标，分类结果见表6-8。

表 6-8　注水效果评价指标统计表

类　别		评价指标
井网完善程度		水驱储量控制程度、水驱储量动用程度、注采对应率、注采井数比、双（多）向受效、井网密度、单井控制地质储量
注水类指标	注水利用状况	存水率、水驱指数、耗水率
	含水变化状况	含水率、含水上升率、含水上升速度、含水-可采储量采出程度关系
注采类指标	注采关系指标	阶段注采比、累积注采比、注水量
	注采平衡指标	储采平衡系数、储采比、剩余可采储量、采油速度、地层压力、地层总压降、生产压差、地层压力保持水平
产油类指标		地质储量采油速度、无因次采油速度、自然递减率、综合递减率、总递减率、采油指数、产能保有率
效果指标		地质储量采出程度、可采储量采出程度、采收率

6.2　缝洞型油藏注水开发效果评价指标体系

注水开发效果反映了开发技术政策对油藏地质的适应程度。通过注水开发效果评价指标的绝对值或者变化趋势来检测油田开发技术政策是否改善了油田开发效果。这也是注水开发效果综合评价的出发点和基础。

6.2.1　注水单元效果评价指标体系

1) 注水单元效果评价指标体系构建方法

指标体系从注上水、注够水、注好水的三大原则出发,考虑从井网完善、注采平衡、注采效率、注采效果、注采效益 5 个方面进行深入研究,以确定具体的评价指标,完成整体评价指标体系设计。

(1) 注上水。综合考虑注水是否有效以及效率高低问题,该角度主要考虑注水单元的井网完善问题。

(2) 注够水。综合考虑注入水是否充足,通过储层能量关系反馈注水是否充足,该角度主要考虑注采平衡关系以及注水效率高低的问题。

(3) 注好水。综合考虑注水效果以及注水效益的问题,该角度主要考虑注水效果以及注水效益。

2) 注水单元效果评价指标

(1) 井网完善类指标。

井网完善水平类指标是反映当前的注采井网是否合理,能否实现注入水有效驱替的核心指标体系。结合缝洞型油藏岩溶背景复杂、缝洞连通形式多样化的特点,按照表征递进关系,制定了水驱缝洞控制程度、水驱缝洞动用程度以及水驱缝洞波及系数三个指标。

① 水驱缝洞控制程度。已注水关联井组缝洞体积之和与总缝洞体积之比。

② 水驱缝洞动用程度。注采连通缝洞体积之和与总缝洞体积之比,反映了连通井网完善水平。

③ 水驱缝洞波及系数。注入水波及的储集体容积与整个含油容积的比。

(2) 注采平衡类指标。

注采平衡类指标主要有阶段注采比、累积注采比、储采平衡系数、累积亏空体积和能量保持程度。

阶段注采比和累积注采比属于过程关系,并无优劣之分,可根据不同的评价阶段以及评价目的灵活选择。

储采平衡系数是指当年增加可采储量与当年产油量之比,偏重于在区块的层面进行评价,该指标对注水单元的表征效果不足。

累积亏空体积反映开发程度标准,其缺乏横向可比性。

能量保持程度是注水开发的三大核心意义之一,不能够忽略。

根据注采比和能量保持程度进行分区,可快速判断能量下降原因。

(3) 开发水平类指标。

开发水平类指标重点关注注水后产水变化状况以及产油变化状况,直接评价水驱动态开发水平。主要采用以下指标进行评价:

① 含水上升率。每采出 1% 的地质储量含水率的上升值,反映注水阶段见水快慢,是油田注水开发效果的核心观测指标。

② 自然递减变化率。注水前后或不同受效阶段自然递减率的变化幅度,反映增产效

果的稳定性。

（4）效果效益类指标。

油田的注水效果主要体现在三个方面：保持地层压力、增大注水波及范围以及增加产油量。其中，保持地层压力评价指标（即能量保持程度）在注采平衡类指标中已经有所体现，增大注水波及范围指标主要在井网类指标中体现，此处只需要进行产油情况的评价。

评价产油情况主要从三个角度进行说明：① 产油水平（采油量、采出程度）；② 采油效率（采油速度）；③ 采油增幅（产油量提高值以及采收率提高值）。由于水平类指标和效率类指标都是绝对值，缺乏横向可对比性，所以主要选用幅度类指标。提出以下两个指标作为注采效果和效益评价指标。

① 提高采收率。注水新增可采储量与地质储量比值。该指标具有计算简单、横向对比性强等优点，属于注水效果评价的核心指标。

② 方水换油率。注水后增油量与注入水比值。该指标与经济效益直接挂钩，具有计算简单、可参考性强的特点。

3）注水单元注水效果评价指标体系

根据以上注水效果评价指标，最终形成了单元注水效果评价指标体系（表6-9）。

表6-9　单元注水效果评价指标体系

类　别	目前评价指标	作　用	评价意义
井网完善类	水驱缝洞控制程度	评价井网完善程度	井网构建角度评价
	水驱缝洞动用程度		
	水驱缝洞波及系数		
注采平衡类	累积注采比	评价注采效率情况	开发政策角度评价
	能量保持程度	评价储层保压情况	
开发水平类	自然递减变化率	评价水驱开发水平、驱替效果	注水效果角度评价
	含水上升率		
效果效益类	提高采收率		
	方水换油率	评价注水效果效益	效果效益角度评价

6.2.2　注水井组效果评价指标体系

油藏评价体系、工程评价体系以及效果评价体系三个方面基本涵盖了不同评价尺度下注水效果评价测试的需求，但相较于注水单元效果评价注水井组效果评价对象更加具体。因此，可在单元注水效果评价成果的基础上进行细化研究。

总之，在注水单元效果评价指标体系研究的基础上，注水井组效果评价指标体系研究必须综合考虑三个问题：

① 有效性。反映评价尺度的改变对指标是否有影响。

② 适应性。反映指标是否适用于评价井组。

③ 准确性。反映指标能否准确地计算出来。

1）井网完善类指标

针对注水关联井组评价范围大小，需要对水驱缝洞控制程度等指标进行适应性评价。

（1）水驱缝洞控制程度。

由于注水井组评价尺度较小，在注水井组评价范围内，水驱缝洞控制程度均接近于100%或0%，在实际评价中已经没有了衡量不同井组井网完善状况的实际意义。因此，水驱缝洞控制程度不能作为注水井组的效果评价指标。

（2）水驱缝洞动用程度。

水驱缝洞动用程度是指注入水在井组内的动用状况，适用于注水井组的评价尺度范围。因此，水驱缝洞动用程度可作为注水井组的井网完善类评价指标。

（3）缝洞体积波及系数。

缝洞体积波及系数是指水驱开发条件下水侵占据的孔隙体积与油藏原始孔隙体积之比。它反映了驱油剂波及的储量占油藏可波及储量的百分比。其评价尺度小于水驱缝洞的动用程度，因此能够作为注水井组的井网完善类控制指标。

丙型水驱曲线：

$$\frac{L_p}{N_p} = a + bL_p \tag{6-1}$$

式中　L_p——累积产液量，$10^4 \ m^3$；

　　　N_p——年产油量，$10^4 \ m^3/a$；

　　　a——丙型水驱特征曲线的截距，由生产数据线性回归得出；

　　　b——丙型水驱特征曲线的斜率，由生产数据线性回归得出。

通过对式（6-1）求导得到：

$$\frac{N_p \dfrac{dL_p}{dt} - L_p \dfrac{dN_p}{dt}}{N_p^2} = b\frac{dL_p}{dt} \tag{6-2}$$

式中　t——生产时间，a。

整理式（6-2）后得到：

$$L_p = \frac{Q_l}{Q_o}N_p(1 - bN_p) \tag{6-3}$$

式中　Q_l——日产液量，m^3/d；

　　　Q_o——日产油量，m^3/d。

根据日产液量、日产油量与含油率的关系可知：

$$Q_l = Q_o + Q_w \tag{6-4}$$

$$\frac{Q_w}{Q_o} = \frac{f_w}{1 - f_w} \tag{6-5}$$

式中　Q_w——日产水量，m^3/d；

　　　f_w——含水率。

整理以上各式后得到：

$$\frac{Q_l}{Q_o} = \frac{1}{1 - f_w} \tag{6-6}$$

通过合并整理可得：

$$L_p(1 - f_w) = N_p(1 - bN_p) \tag{6-7}$$

与式(6-1)整理合并可得：

$$(1 - bN_p)^2 = a(1 - f_w) \tag{6-8}$$

进而可得最大可采储量 N_{pmax} 与含油饱和度的关系：

$$N_{pmax} = \frac{V_p(S_{oi} - S_{or})}{B_{oi}} = \frac{1}{b} \tag{6-9}$$

式中　V_p——初始储层含油体积，m^3；

　　　S_{oi}——原始含油饱和度，%；

　　　S_{or}——剩余油饱和度，%；

　　　B_{oi}——地层原油体积系数；

　　　b——丙型水驱曲线直线的斜率；

　　　a——丙型水驱曲线直线的截距。

采出程度与波及系数的关系为：

$$R = \eta\gamma \tag{6-10}$$

式中　R——采出程度，%；

　　　η——波及效率，%；

　　　γ——波及系数，%。

定义波及效率 η 为目前含油饱和度的采出比，即

$$\eta = \frac{S_{oi} - S_{or}}{S_{oi}} \tag{6-11}$$

整理后可得：

$$R = \frac{S_{oi} - S_{or}}{S_{oi}}\gamma \tag{6-12}$$

由于开发过程中的油藏饱和度难以准确取值，本次研究通过数值模拟结合的方法来求取油藏饱和度与含水率的关系表达式，具体步骤为：

① 建立精细化缝洞型油藏数值模型。

根据地质资料，建立精细化数值模型如图 6-3、图 6-4 所示。

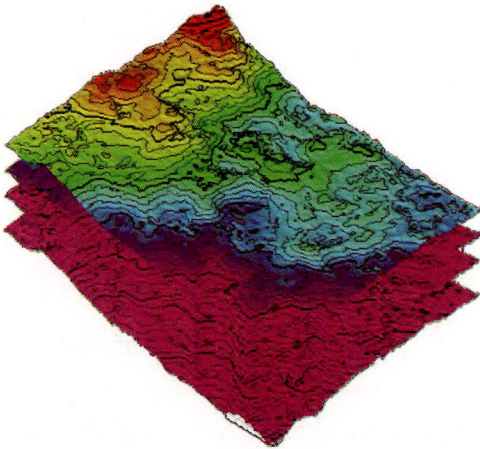

图 6-3　等值化平面图

图 6-4　井组数值模型

② 基于数值模型进行动态分析并完成历史拟合。

根据生产数据完成了该井组 4 口井的历史拟合(图 6-5)。

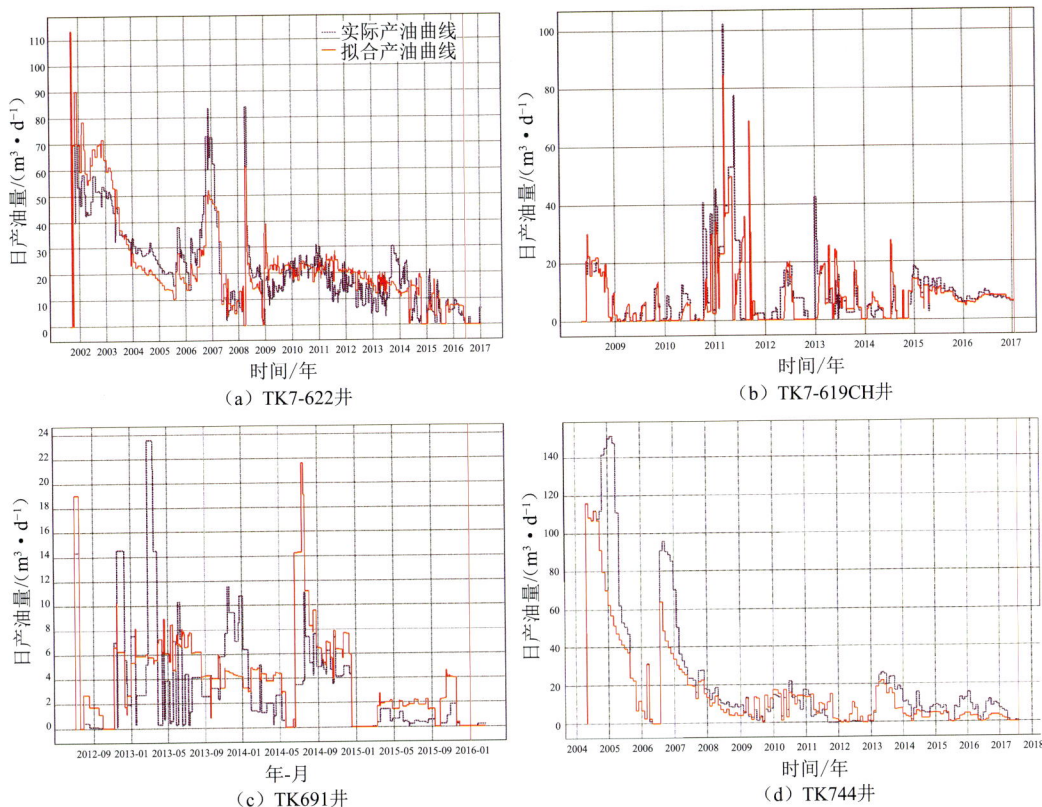

(a) TK7-622井

(b) TK7-619CH井

(c) TK691井

(d) TK744井

图 6-5　生产井历史拟合

③ 多元非线性回归。

含水率表达关系式为:

$$Y = ab^X e^\mu \tag{6-13}$$

多元非线性回归幂函数模型表达式为:

$$\ln Y = \ln a + X \ln b + \mu \tag{6-14}$$

④ 确定最终计算表达式。

根据历史数据的多元回归分析结果,确定最终的缝洞型油藏水驱波及系数表达关系式为:

$$\gamma = \frac{N_p}{N_{pmax}} \times (-0.108\,3 + 1.466\,2 e^{-0.597\,2\sqrt{1-f_w}}) \tag{6-15}$$

2) 注水效率类评价指标

由于注水井组水驱评价尺度较小,将存水率与含水上升率结合,才可以反映目前井组的生产状况。

存水率是指注入水与产出水之差与注入水的比值,综合反映井组注入水波及的效率。

含水上升率是指每采出 1% 的地质储量含水率上升的百分数。

通过存水率和含水上升率指标,可以明确生产状态以及是否存在漏失及侵入。

3)注水井组注水效果评价指标

鉴于碳酸盐岩缝洞型油藏独特的地质特征和开发特征,选取的注水井组注水效果评价指标(表6-10)既要能综合评价井组注水开发效果,又要能体现出碳酸盐岩缝洞型油藏的独特性。针对碳酸盐岩缝洞型油藏注水井组注水开发的特点,确定筛选评价指标的四个原则。

(1)具有动态性,能够反映油田的注水开发状况和趋势;

(2)具有相对独立性,各项指标之间相对独立;

(3)具有可操作性,数据来源清晰,便于统计分析;

(4)具有可对比性,可用于不同油田、开发单元的注水开发效果对比。

表6-10 注水井组注水效果评价测试指标

类 别	目前评价指标	作 用	评价意义
连通状况类	水驱缝洞动用程度	评价井网完善程度	连通程度角度评价
	缝洞体积波及系数		
注采平衡类	累积注采比	评价注采效率情况	开发政策角度评价
	能量保持程度	评价储层保压情况	
开发水平类	存水率	评价注采效率情况	注水效果角度评价
	含水上升率	评价水驱开发水平	
	自然递减率	评价稳产能力	
效果效益类	提高采收率	评价驱替效果	效果效益角度评价
	方水换油率	评价驱替效益	

6.3 缝洞型油藏注水开发效果评价

碳酸盐岩缝洞型油藏水驱效果评价计算主要流程如下:

(1)基于各个指标的界限划分。对每一个指标,通过聚类分析以及因素分析法判定各个指标的界限范围。

(2)基于各个指标的权重计算。对每一个注水评价指标设立权重值,通常采用基于Delphi方法的层次分析法,可以最大限度地减小采用专家打分系统而产生的随意性和不一致性,快速实现指标权重的建立。

(3)基于各个注水单元的综合评判。在上述指标权重建立以及界限划分的基础上,采用模糊综合评判方法,实现各个注水单元的评价分析。同时基于神经网络方法,充分利用其包含多隐层节点的自适应学习能力,实现各个注水单元注水效果的评价分析。

6.3.1　评价指标界限

6.3.1.1　注水单元评价指标界限

1）低含水阶段指标界限

（1）井网完善程度类指标。

① 聚类分析方法。

聚类分析成果如图 6-6 所示。

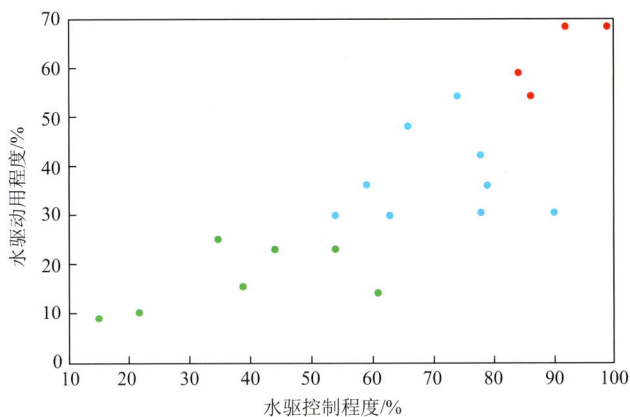

图 6-6　聚类分析成果图

② 因素分析法。

指标频率分布成果如图 6-7、图 6-8 所示。

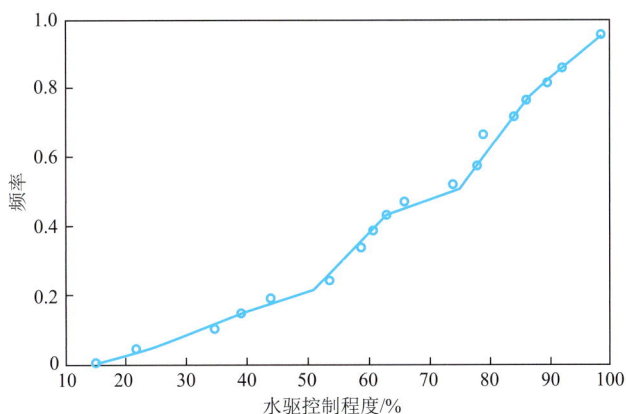

图 6-7　指标频率分布成果图(一)

从水驱储量控制程度与指标频率分布图（图 6-7）上看，当选取 81% 作为"优秀"的界限指标时，达到"优秀"水平的注采井组占到了 30%；当选取 55% 作为"良好"的界限指标时，处于"较差"等级的注采单元占到了 30%。因此，"优秀""良好""较差"等级的占比分别是

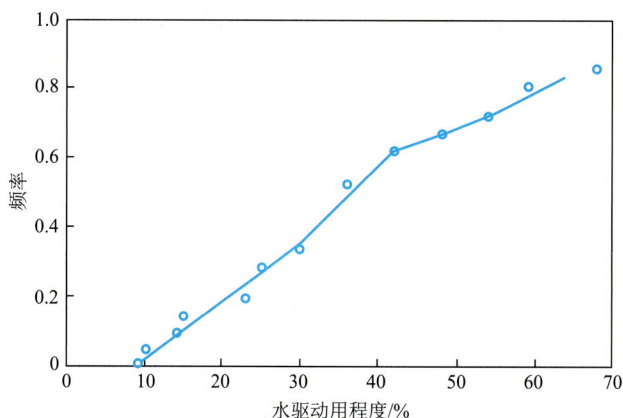

图 6-8　指标频率分布成果图(二)

30%、60%和30%。

通过聚类分析方法(图 6-6)和因素分析方法两种方法(图 6-7、图 6-8)进行分析,可以得到最终的指标界限(表 6-11)。

表 6-11　指标界限划分成果表

指标类型	分类标准		
	一	二	三
水驱控制程度/%	≥81	55~<81	<55
水驱动用程度/%	≥54	30~<54	<30

(2)注采平衡类指标。

根据前期研究成果,注采平衡类指标主要有累积注采比和能量保持程度两个指标。累积注采比主要指注入水的累积注入量的地下体积与采出油累积采出量的地下体积之比;能量保持程度指注水之后地层能量的下降水平。这两个指标分别描述了注采效率以及储层压力保持的情况,同时从注入与采出的配套关系以及注水后地层压力变化的角度阐述了注采平衡的关系。

① 聚类分析方法。

聚类分析成果如图 6-9 所示。

② 因素分析方法。

指标频率分布成果如图 6-10、图 6-11 所示。

当累积注采比大于 0.26 时,其注采单元频率变化速度明显下降,说明到达此水平的注采单元数量相对降低,此时"较差"的注采单元大概占 55%;从累积注采比频率变化速率分析,当累积注采比超过 0.78 后,注采单元频率变化速率减慢,说明此时达到该水平的注采单元数变少,而从频率变化关系可以看出,此时接近 20% 的注采单元到达了"优秀"水平。按照此界限划分"优秀""良好""较差"等级的占比分别是 20%,25% 和 55%,说明该指标整体处于较差水平。

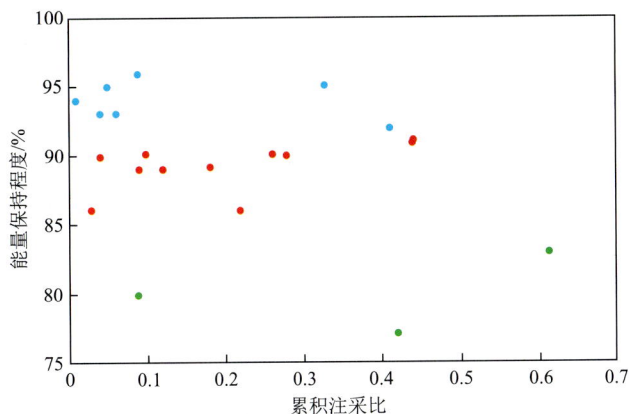

图 6-9　聚类分析成果图

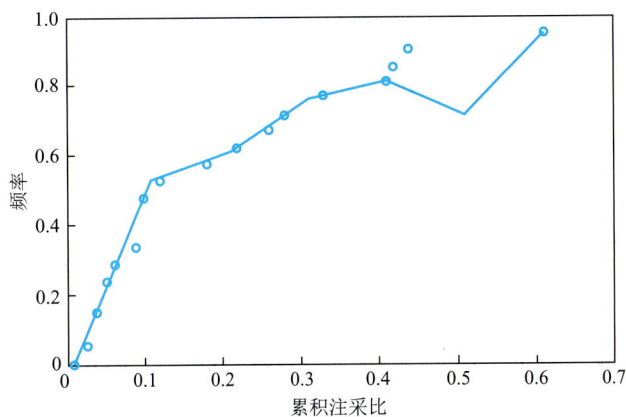

图 6-10　指标频率分布成果图(一)

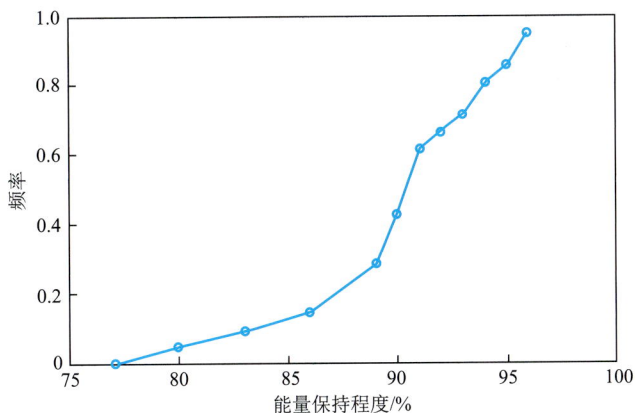

图 6-11　指标频率分布成果图(二)

通过聚类分析方法(图 6-9)和因素分析方法两种方法(图 6-10、图 6-11)进行分析,可以得到最终的指标界限(表 6-12)。

表 6-12　指标界限划分成果表

指标类型	分类标准		
	一	二	三
累积注采比	≥0.78	0.26～<0.78	<0.26
能量保持程度/%	≥92	84～<92	<84

（3）开发水平类指标。

① 聚类分析方法。

聚类分析成果如图 6-12 所示。

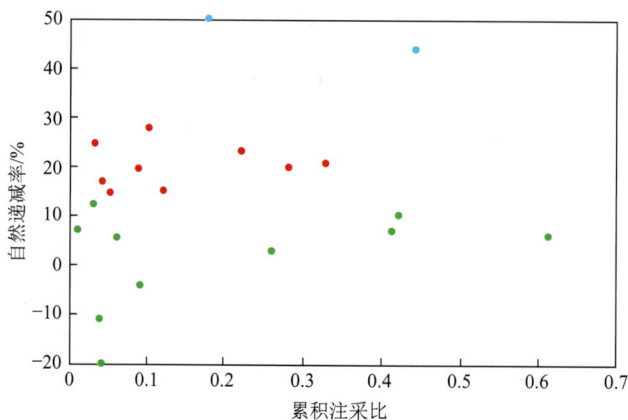

图 6-12　聚类分析成果图

② 因素分析方法。

指标频率分布成果如图 6-13 所示。

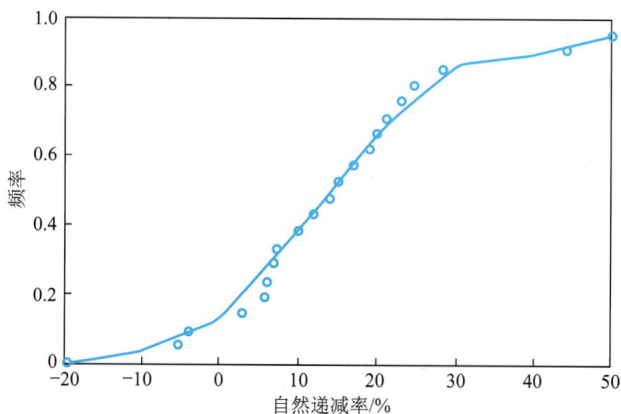

图 6-13　指标频率分布成果图

当自然递减率大于 8％时，其注采单元频率变化速度明显上升，说明到达此水平的注采单元数量相对增加，此时"优秀"的注采单元大概占 25％；从累积注采比频率变化速率分析，当自然递减率超过 30％后，速率减慢，说明此时达到该水平的注采单元数变少，而从频率变化关系可以看出,此时接近 20％的注采单元处于"较差"水平。按照此界限划分"优秀""良好""较差"等级的占比分别是 25％、55％和 20％,基本符合正态分布规律。

通过聚类分析方法(图 6-12)和因素分析方法两种方法(图 6-13)进行分析,可以得到最终的指标界限(表 6-13)。

表 6-13　界限划分成果表

指标类型	分类标准		
	一	二	三
自然递减率/％	<8	8~30	>30

(4) 综合效果类指标。

① 聚类分析方法。

聚类分析成果如图 6-14、图 6-15 所示。

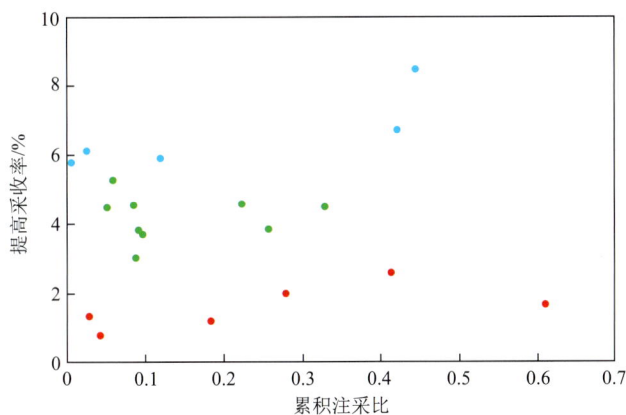

图 6-14　聚类分析成果图(一)

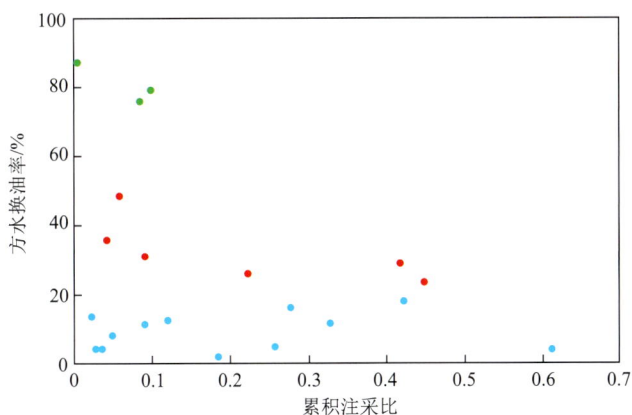

图 6-15　聚类分析成果图(二)

② 因素分析方法。

指标频率分布成果如图 6-16、图 6-17 所示。

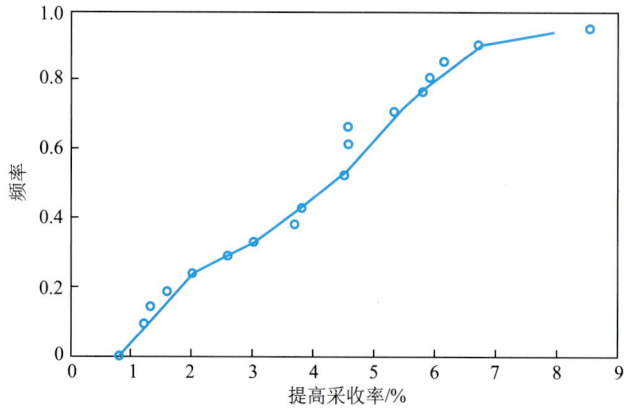

图 6-16　指标频率分布成果图(一)

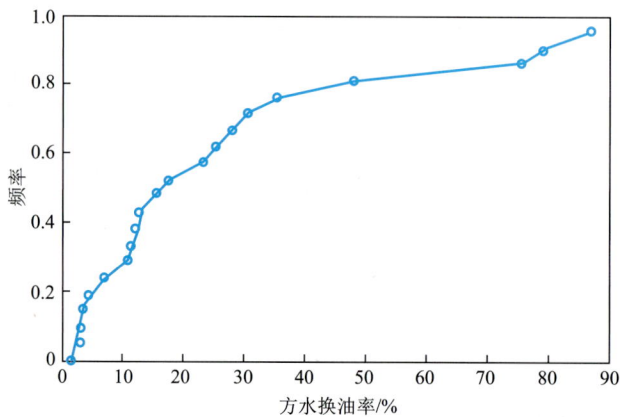

图 6-17　指标频率分布成果图(二)

　　当提高采收率大于 6％时,其注采单元频率变化速度明显降低,说明到达此水平的注采单元数量相对减少,此时"优秀"的注采单元大概占 25％;从累积注采比频率变化速率分析,当提高采收率小于 2.5％后,速率加快,说明此时达到该水平的注采单元数变多,从频率变化关系可以看出,此时接近 30％的注采单元到达了"较差"的水平。因为将"较差"指标界限定位 2.5％,所以此时不符合正态分布规律。

　　当方水换油率大于 57％时,其注采单元频率变化速度明显降低,说明到达此水平的注采单元数量相对减少,此时"优秀"的注采单元大概占 40％;根据频率分布曲线及频率变化曲线关系,在方水换油率达到 20％时,"较差"等级占比达到 40％。

　　通过聚类分析方法(图 6-14、图 6-15)和因素分析方法两种方法(图 6-16、图 6-17)进行分析,可以得到最终的指标界限(表 6-14)。

表 6-14　指标界限划分成果表

指标类型	分类标准		
	一	二	三
提高采收率/%	>6	2.5~6	<2.5
方水换油率/%	>57	20~57	<20

最终注水评价指标界限划分成果见表 6-15。

表 6-15　注水评价指标界限划分成果汇总表

指标类型	分类标准		
	一	二	三
水驱控制程度/%	≥81	55~<81	<55
水驱动用程度/%	≥54	30~<54	<30
油井双(多)向受益率/%	≥60	30~<60	<30
累积注采比	≥0.78	0.26~<0.78	<0.26
能量保持程度/%	≥92	84~<92	<84
自然递减率/%	<8	8~30	>30
含水上升率/%	<−5	−5~7	>7
提高采收率/%	>6	2.5~6	<2.5
方水换油率/%	>57	20~57	<20

2）中含水阶段指标界限

通过聚类分析方法和因素分析方法,同样可对中含水阶段指标界限进行分析。

（1）井网完善程度类指标。

最终的指标界限见表 6-16。

表 6-16　指标界限划分成果表

指标类型	分类标准		
	一	二	三
水驱控制程度/%	≥83	60~<83	<60
水驱动用程度/%	≥55	30~<55	<30

（2）注采平衡类指标。

最终的指标界限见表 6-17。

表 6-17　指标界限划分成果表

指标类型	分类标准		
	一	二	三
累积注采比	≥0.78	0.23~<0.78	<0.23
能量保持程度/%	≥93	90~<93	<90

（3）开发水平类指标。

最终的指标界限见表 6-18。

表 6-18　指标界限划分成果表

指标类型	分类标准		
	一	二	三
自然递减率/%	<10	10～30	>30

（4）综合效果类指标。

最终的指标界限见表 6-19。

表 6-19　指标界限划分成果表

指标类型	分类标准		
	一	二	三
提高采收率/%	>8	5～8	<5
方水换油率/%	>60	20～60	<20

最终界限分析成果见表 6-20。

表 6-20　评价指标界限划分成果汇总表

评价指标	分类标准		
	一	二	三
水驱控制程度/%	≥83	60～<83	<60
水驱动用程度/%	≥55	30～<55	<30
油井双(多)向受益率/%	≥60	30～<60	<30
累积注采比	≥0.78	0.23～<0.78	<0.23
能量保持程度/%	≥93	90～<93	<90
自然递减率/%	<10	10～30	>30
含水上升率/%	<-4	-4～7	>7
方水换油率/%	>60	20～60	<20
提高采收率/%	>8	5～8	<5

3）高含水阶段指标界限

通过聚类分析和因素分析方法,同样可对高含水阶段指标界限进行分析。

（1）井网完善程度类指标。

最终的指标界限见表 6-21。

表 6-21　界限划分成果表

指标类型	分类标准		
	一	二	三
水驱控制程度/%	≥85	65～<85	<65
水驱动用程度/%	≥65	29～<65	<29

（2）注采平衡类指标。

最终的指标界限见表 6-22。

表 6-22　界限划分成果表

指标类型	分类标准		
	一	二	三
累积注采比	≥1.2	0.6～<1.2	<0.6
能量保持程度/%	≥93	82～<93	<82

（3）开发水平类指标。

最终的指标界限见表 6-23。

表 6-23　界限划分成果表

指标类型	分类标准		
	一	二	三
自然递减率/%	<20	20～40	>40

（4）综合效果类指标。

最终的指标界限见表 6-24。

表 6-24　界限划分成果表

指标类型	分类标准		
	一	二	三
提高采收率/%	>5	2～5	<2
方水换油率/%	>23	10～23	<10

最终界限分析成果见表 6-25。

表 6-25　评价指标界限划分成果汇总表

评价指标	分类标准		
	一	二	三
水驱控制程度/%	≥85	65～<85	<65
水驱动用程度/%	≥65	29～<65	<29
油井双(多)向受益率/%	≥60	30～<60	<30
累积注采比	≥1.2	0.6～<1.2	<0.6
能量保持程度/%	>93	82～93	<82
自然递减率/%	<20	20～40	>40
含水上升率/%	<-3	-3～8	>8
方水换油率/%	>23	10～23	<10
提高采收率/%	>5	2～5	<2

6.3.1.2 注水井组评价指标界限

1) 低含水阶段指标界限

通过聚类分析方法进行分析,得到低含水阶段指标界限。

(1) 井网完善程度类指标。

最终的指标界限划分见表 6-26。

表 6-26　指标界限划分成果表

指标类型	分类标准		
	一	二	三
水驱缝洞动用程度/%	≥40	<25~<40	≤25
缝洞体积波及系数/%	≥30	<15~<30	≤15

(2) 注采平衡类指标。

最终的指标界限划分成果见表 6-27。

表 6-27　指标界限划分成果表

指标类型	分类标准		
	一	二	三
累积注采比	≥0.45	0.15~<0.45	<0.15
能量保持程度/%	≥95	88~<95	<88

(3) 开发水平类指标。

最终的指标界限划分成果见表 6-28。

表 6-28　界限划分成果表

指标类型	分类标准		
	一	二	三
含水上升率/%	<3	3~<6	≥6

(4) 综合效果类指标。

最终的指标界限见表 6-29。

表 6-29　界限划分成果表

指标类型	分类标准		
	一	二	三
提高采收率/%	≥8	3~<8	<3
方水换油率/%	≥35	15~<35	<15

最终注水评价指标界限划分成果见表 6-30。

表 6-30　注水评价指标界限划分成果汇总表

指标类型	分类标准		
	一	二	三
水驱缝洞动用程度/%	≥40	25～<40	<25
累积注采比	≥0.45	0.15～<0.45	<0.15
能量保持程度/%	≥95	88～<95	<88
含水上升率/%	<3	3～<6	≥6
提高采收率/%	≥8	3～<8	<3
方水换油率/%	≥35	15～<35	<15
存水率/%	≥83	42～<83	<42
缝洞体积波及系数/%	≥30	15～<30	<15

2）中含水阶段指标界限

（1）井网完善程度类指标。

最终的指标界限见表 6-31。

表 6-31　指标界限划分成果表

指标类型	分类标准		
	一	二	三
缝洞体积波及系数/%	≥35	20～<35	<20
水驱缝洞动用程度/%	≥38	21～<38	<21

（2）注采平衡类指标。

最终的指标界限见表 6-32。

表 6-32　指标界限划分成果表

指标类型	分类标准		
	一	二	三
累积注采比	≥0.5	0.2～<0.5	<0.2
能量保持程度/%	≥90	85～<90	<85

（3）开发水平类指标。

最终的指标界限见表 6-33。

表 6-33　指标界限划分成果表

指标类型	分类标准		
	一	二	三
含水上升率/%	<3.8	3.8～<7	≥7

（4）综合效果类指标。

最终的指标界限见表6-34。

表6-34 指标界限划分成果表

指标类型	分类标准		
	一	二	三
存水率/%	≥80	40～<80	<40
方水换油率/%	≥30	10～<30	<10

最终注水评价指标界限分析成果见表6-35。

表6-35 注水评价指标界限划分成果汇总表

评价指标	分类标准		
	一	二	三
存水率/%	≥80	40～<80	<40
水驱缝洞动用程度/%	≥38	21～<38	<21
缝洞体积波及系数/%	≥35	20～<35	<20
累积注采比	≥0.5	0.2～<0.5	<0.2
能量保持程度/%	≥90	85～<90	<85
含水上升率/%	<3.8	3.8～7	>7
方水换油率/%	≥30	10～<30	<10
提高采收率/%	>7.5	2.5～7.5	<2.5

3）高含水阶段指标界限

（1）井网完善程度类指标。

最终的指标界限见表6-36。

表6-36 指标界限划分成果表

指标类型	分类标准		
	一	二	三
缝洞体积波及系数/%	≥40	25～<40	<25
水驱缝洞动用程度/%	≥50	30～<50	<30

（2）注采平衡类指标。

最终的指标界限见表6-37。

表6-37 指标界限划分成果表

指标类型	分类标准		
	一	二	三
累积注采比	≥0.6	0.25～<0.6	<0.25
能量保持程度/%	≥85	75～<85	<75

（3）开发水平类指标。

最终的指标界限见表 6-38。

表 6-38　指标界限划分成果表

指标类型	分类标准		
	一	二	三
含水上升率/%	<4.5	4.5～<8	≥8

（4）综合效果类指标。

最终的指标界限见表 6-39。

表 6-39　指标界限划分成果表

指标类型	分类标准		
	一	二	三
提高采收率/%	≥7	2～<7	<2
方水换油率/%	≥25	8～<25	<8

最终注水评价指标界限划分成果，见表 6-40。

表 6-40　注水评价指标界限划分成果汇总表

评价指标	分类标准		
	一	二	三
缝洞体积波及系数/%	≥40	25～<40	<25
水驱缝洞动用程度	≥50	30～<50	<30
存水率	>80	40～80	<40
累积注采比	≥0.6	0.25～<0.6	<0.25
能量保持程度/%	≥85	75～<85	<75
含水上升率/%	<4.5	4.5～<8	≥8
方水换油率/%	≥25	8～<25	<8
提高采收率/%	≥7	2～<7	<2

通过聚类分析以及因素分析方法，得到注水井组评价指标界限见表 6-41。

表 6-41　注水井组评价指标界限

指标类型	分类标准		
	一	二	三
能量保持程度/%	≥90	<85～<90	≤85
存水率/%	≥80	<40～<80	≤40
自然递减变化率/%	≤20	<20～<40	≥40
方水换油率/%	≥30	<10～<30	≤10

续表 6-41

指标类型	分类标准		
	一	二	三
累积注采比	≥0.5	<0.2~<0.5	<0.2
储量动用程度/%	≥38	<21~<38	≤21
波及系数/%	≥60	<35~<60	≤35
提高采收率/%	≥8	<3~<8	≤3
含水上升率/%	≤3.8	<3.8~<7	≥7

6.3.2 指标权重划分测试

6.3.2.1 注水单元指标权重划分

1) 评判原则

根据前期确定的效果评价指标,同时结合油田注水基本原理以及缝洞型油田注水开发关键点,基于以下考虑建立评价体系。

(1)评价核心目的。权重集中凸显注水开发核心目标,主要表征指标为提高采收率和方水换油率。

(2)评价基本目标。考虑注水的三大目的:提高采收率、增大波及系数以及保持地层能量,主要表征指标为水驱缝洞控制程度、水驱缝洞动用程度、缝洞体积波及系数。

(3)突出评价指标。权重集中体现出注水开发常规评价指标的影响,主要表征指标为自然递减变化率及含水上升率。

(4)参考相关技术指标。权重集中体现出相关技术参考指标的影响,主要表征指标为累积注采比。

在缝洞型油藏注水开发中,不同注水阶段指标的敏感性和重要性存在差异,所以考虑不同的注水受效阶段下的指标权重。主要的确定原则如下:

(1)中低含水期的更关注地层能量的保持状况。

(2)中高含水期的更关注注水波及范围、地层能量补充状况以及提高采收率。

(3)高含水期核心关注点为驱替效率和提高采收率。

2) 指标权重

在上述排序表的基础上,采用 Delphi 方法,建立对比矩阵(表 6-42)。

表 6-42　Delphi 层次分析矩阵

	提高采收率	方水换油率	水驱缝洞动用程度	水驱缝洞控制程度	缝洞体积波及系数	能量保持程度	自然递减变化率	含水上升率	累积注采比
提高采收率	1.00	1.13	1.29	1.50	1.80	2.25	3.00	4.50	9.00
方水换油率	0.89	1.00	1.14	1.33	1.60	2.00	2.67	4.00	8.00

续表 6-42

	提高采收率	方水换油率	水驱缝洞动用程度	水驱缝洞控制程度	缝洞体积波及系数	能量保持程度	自然递减变化率	含水上升率	累积注采比
水驱缝洞动用程度	0.78	0.88	1.00	1.17	1.40	1.75	2.33	3.50	7.00
水驱缝洞控制程度	0.67	0.75	0.86	1.00	1.20	1.50	2.00	3.00	6.00
缝洞体积波及系数	0.56	0.63	0.71	0.83	1.00	1.25	1.67	2.50	5.00
能量保持程度	0.44	0.50	0.57	0.67	0.80	1.00	1.33	2.00	4.00
自然递减变化率	0.33	0.38	0.43	0.50	0.60	0.75	1.00	1.50	3.00
含水上升率	0.22	0.25	0.29	0.33	0.40	0.50	0.67	1.00	2.00
累积注采比	0.11	0.13	0.14	0.17	0.20	0.25	0.33	0.50	1.00

最大特征值：

$$\lambda = 9.005\,3$$

一致性指标计算结果为：

$$C.I = \frac{\lambda_{\max}}{(n-1)^{-4}}$$

一致性比率为：

$$C.R = \frac{C.I}{R.I} = 4.617\,7 \times 10^{-4} \tag{6-16}$$

因为

$$C.R < 0.1$$

故其一致性较好，可以进行下一步计算，最终得到权重指标值，见表 6-43 和表 6-44。

表 6-43　整体权重指标分析成果

指　标	提高采收率	方水换油率	水驱缝洞动用程度	水驱缝洞控制程度	缝洞体积波及系数	能量保持程度	自然递减变化率	含水上升率	累积注采比
权　重	0.18	0.16	0.15	0.13	0.12	0.10	0.07	0.05	0.04

表 6-44　不同含水阶段下注水单元指标权重分析成果

含水状况	提高采收率	方水换油率	缝洞体积波及系数	水驱缝洞动用程度	能量保持程度	含水上升率	累积注采比
低含水(<40%)	0.21	0.17	0.14	0.11	0.23	0.08	0.06
中含水(40%~80%)	0.21	0.11	0.23	0.17	0.14	0.08	0.06
高含水(≥80%)	0.23	0.21	0.17	0.14	0.11	0.08	0.06

6.3.2.2　注水井组指标权重划分

1) 评判原则

注水井组评判原则与注水单元相同。

2）指标权重

同样采用 Delphi 方法，建立对比矩阵，得到权重指标值，见表 6-45 和 6-46。

表 6-45 权重指标分析成果

指　标	提高采收率	方水换油率	波及系数	动用程度	能量保持程度	自然递减率	含水上升率	存水率	累积注采比
权　重	0.18	0.16	0.15	0.13	0.12	0.10	0.07	0.05	0.04

表 6-46 重指标分析成果权重指标分析成果

含水状况	提高采收率	方水换油率	水驱缝洞动用程度	缝洞体积波及系数	能量保持程度	存水率	含水上升率	累积注采比
低含水（<40%）	0.195	0.155	0.125	0.105	0.215	0.095	0.065	0.045
中含水（40%～80%）	0.155	0.105	0.215	0.195	0.125	0.095	0.065	0.045
高含水（≥80%）	0.215	0.195	0.155	0.125	0.105	0.095	0.065	0.045

6.3.3 水驱效果评价测试

1）注水单元效果评价测试

（1）风化壳岩溶。

风化壳岩溶的部分注水单元效果见表 6-47。

表 6-47 注水单元效果评价表

单元号	背景	含水状态	提高采收率	方水换油率	水驱控制程度	水驱动用程度	能量保持程度	含水上升率	累积注采比	模糊评价	神经网络
T436	风化壳	低含水	0.04	0.21	0.77	0.45	0.94	22.00	0.11	89.00	91.08
TH12144	风化壳	低含水	0.02	0.11	0.76	0.45	0.89	6.91	0.55	40.28	39.89
TK407	风化壳	中高含水	0.02	0.59	1.00	0.54	0.94	12.00	0.11	80.18	90.10
TK7-456	风化壳	中高含水	0.01	0.20	0.60	0.25	0.90	12.00	0.10	27.85	46.41
TK347H	风化壳	高含水	0.01	0.03	0.68	0.45	0.90	6.00	0.12	49.81	50.82
T443	风化壳	高含水	0.01	0.05	0.51	0.26	0.93	12.00	0.80	46.71	49.17

（2）断控岩溶。

断控岩溶的部分注水效果评价见表 6-48。

表 6-48 注水单元效果评价表

单元号	背景	含水状态	提高采收率	方水换油率	水驱控制程度	水驱动用程度	能量保持程度	含水上升率	累积注采比	模糊评价	模糊评价2	神经网络
TH10309CH	断控	低含水	0.02	0.16	0.99	0.68	0.90	11.81	0.28	39.81	83.09	90.57

续表 6-48

单元号	背景	含水状态	提高采收率	方水换油率	水驱控制程度	水驱动用程度	能量保持程度	含水上升率	累积注采比	模糊评价	模糊评价 2	神经网络
AD4	断控	低含水	0.03	0.11	0.22	0.10	0.80	−0.02	0.09	85.22	47.76	27.22
TP211	断控	高含水	0.04	0.29	0.84	0.68	0.90	9.58	0.61	59.84	90.77	74.43
T810X(K)	断控	高含水	0.02	0.04	0.78	0.48	0.89	5.00	0.03	62.67	51.79	32.11
T740	断控	中高含水	0.06	1.27	0.88	0.27	0.92	5.26	0.07	94.45	92.20	87.62
S76	断控	中高含水	0.03	0.2	0.67	0.26	0.92	12.00	0.06	52.91	65.88	34.92

2）注水井组效果评价测试

（1）风化壳岩溶。

风化壳岩溶的部分注水井组效果评价见表 6-49。

表 6-49　注水井组效果评价表

井组	井组地质背景	阶段	提高采收率	方水换油率	水驱缝洞动用程度	缝洞体积波及系数	能量保持程度	存水率	含水上升率	累积注采比	模糊评价	神经网络
S72-2	风化壳	低含水	0.01	0.00	0.42	0.22	0.97	0.98	0.35	8.62	55.19	64.58
S23	风化壳	低含水	0.02	0.00	0.47	0.37	0.92	0.96	0.60	5.13	14.06	23.33
S48	风化壳	高含水	0.05	0.03	0.52	0.31	0.97	−2.85	0.22	0.24	83.32	91.36
TK409	风化壳	高含水	0.02	0.34	0.68	0.44	0.93	0.62	0.80	2.35	41.22	8.33
TK216	风化壳	中含水	0.01	0.02	0.45	0.27	0.96	0.79	12.24	92.68	91.36
TH12118	风化壳	中含水	0.02	0.22	0.67	0.57	0.81	0.78	0.25	0.53	24.07	20.46

（2）断控岩溶。

断控岩溶的部分注水井组效果评价见表 6-50。

表 6-50　注水井组效果评价表

井组	井组地质背景	阶段	提高采收率	方水换油率	水驱缝洞动用程度	缝洞体积波及系数	能量保持程度	存水率	含水上升率	累积注采比	模糊评价	神经网络
TH12202	断控	低含水	0.03	1.43	1.76	0.88	0.86	0.31	0.49	0.56	59.02	70.23
S99	断控	低含水	0.08	0.33	0.70	0.57	0.90	0.00	0.63	0.22	31.80	32.76
TK825	断控	高含水	0.04	0.00	0.49	0.28	0.89	0.08	0.75	0.09	65.37	71.91
T443	断控	高含水	0.03	0.03	0.42	0.34	0.93	0.64	0.15	2.35	20.05	8.65
TP134	断控	中含水	0.03	0.44	0.75	0.53	0.86	0.26	0.88	0.64	82.14	92.82
T705	断控	中含水	0.06	0.04	0.44	0.33	0.92	0.00	0.29	0.27	31.88	35.71

（3）暗河岩溶。

暗河岩溶的部分注水井组效果评价见表 6-51。

表 6-51　注水井组效果评价表

井　组	井组地质背景	阶段	提高采收率	方水换油率	水驱缝洞动用程度	缝洞体积波及系数	能量保持程度	存水率	含水上升率	累积注采比	模糊评价	神经网络
TH10109	暗　河	低含水	0.02	0.00	0.41	0.23	0.81	0.68	0.36	1.07	65.64	80.74
TH10209	暗　河	低含水	0.08	0.23	0.73	0.55	0.80	0.87	0.53	0.74	62.52	52.52
TH12402	暗　河	高含水	0.01	0.09	0.54	0.48	0.91	0.57	0.45	1.03	23.51	21.86
S77	暗　河	高含水	0.01	0.03	0.48	0.43	0.90	0.00	0.40	17.25	18.92	15.14
S67	暗　河	中含水	0.08	0.08	0.52	0.35	0.93	0.30	0.23	0.28	91.51	75.95
T6-433	暗　河	中含水	0.03	0.00	0.41	0.32	0.89	0.30	0.57	0.60	54.27	50.47

6.3.4　综合评分分布规律

水驱效果评分分布规律如图 6-18 所示，研究不同背景、阶段的评分情况，可以确定不同水驱阶段的开发状态。对于综合评分分布规律我们将从注水井组水驱效果评价和注水单元水驱效果评价这两个方面进行研究。

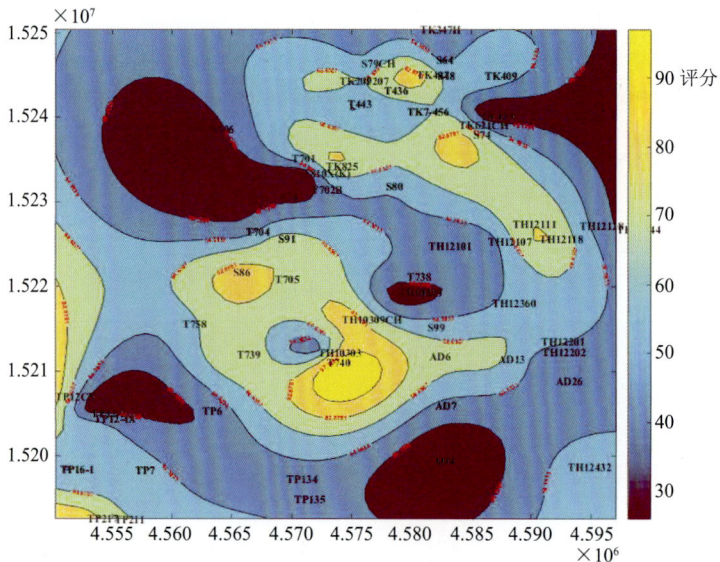

图 6-18　水驱效果评分分布

水驱效果评价分布图表明，水驱效果连片分布特征明显，水驱效果并不理想，但其中亦有效果较好的井。T740 井组水驱效果评分最高，AD4、S76 等井水驱效果评分最低。

1）井组综合评分分布规律

对于注水井组水驱效果评分分布规律进行分析时,需要不同背景和不同阶段的评分情况下来确定注水井组不同水驱阶段的不同开发状态。图 6-19 为注水井组不同阶段的评分情况。

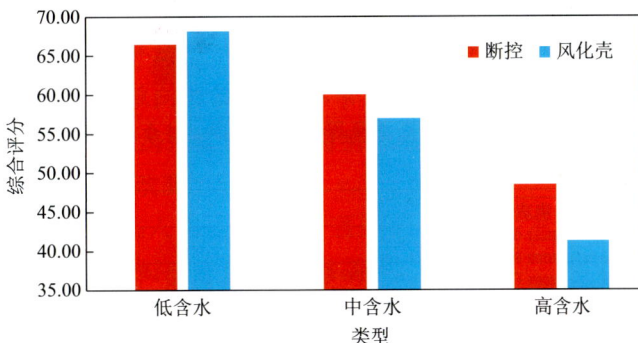

图 6-19　注水井组不同阶段评分

通过注水井组不同阶段评分评价研究,发现低含水阶段断控与风化壳岩溶综合评分相对较高,分别为 66 分、68 分;中含水阶段断控与风化壳岩溶综合评分中等,分别为 58 分、55 分;高含水阶段断控与风化壳岩溶综合评分相对较低,分别为 48 分、43 分。低含水阶段断控与风化壳岩溶的注水井组的开发效果最佳,高含水阶段断控与风化壳岩溶的注水井组的开发效果最差;随着含水率升高,断控与风化壳岩溶的注水井组的开发效果均急剧降低。

2）单元综合评分分布规律

对注水单元水驱效果评价分布规律进行分析时,需要不同背景和不同阶段的评分情况下来确定注水单元不同水驱阶段的不同开发状态。图 6-20 为注水单元不同阶段的评分情况。

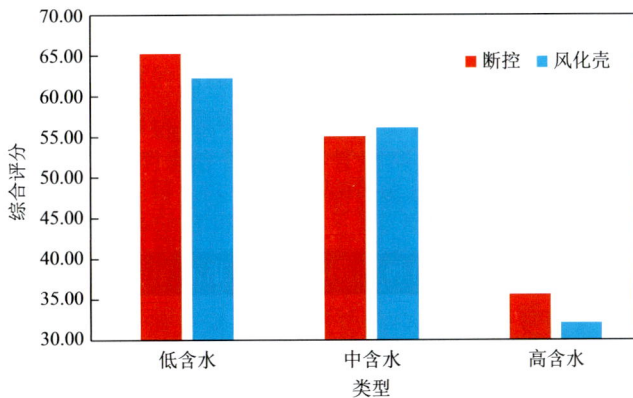

图 6-20　注水单元不同阶段评分

通过注水单元不同阶段评分图可知,低含水阶段断控与风化壳岩溶综合评分相对较高,分别为 66 分、62 分;中含水阶段断控与风化壳岩溶综合评分中等,分别为 55 分、58 分;高含水阶段断控与风化壳岩溶综合评分相对较低,分别为 35 分、32 分。低含水阶段断控与风化壳岩溶的注水单井的开发效果最佳,中含水阶段断控与风化壳岩溶的注水单井的开发效果次之,高含水阶段断控与风化壳岩溶的注水单井的开发效果最差;随着含水率升高,断控与风化壳岩溶的注水单元的开发效果均急剧降低。

6.3.5　综合评分低分井分析

对综合评分低分井进行水驱效果评价分析,其中选取评分最低的 10 个注水井组分析低分原因。表 6-52 为低分井效果评价表。

表 6-52　低分井效果评价表

井　组	井组地质背景	阶段	提高采收率	方水换油率	水驱缝洞动用程度	缝洞体积波及系数	能量保持程度	存水率	含水上升率	累积注采比	神经网络
TH12202	断　控	中含水	0.05	0.26	0.66	0.35	0.86	0.21	0.045	0.22	12.87
S77	暗　河	高含水	0.01	0.03	0.48	0.43	0.90	0.00	0.040	7.50	15.14
T815(K)	断　控	中含水	0.01	0.30	0.64	0.50	0.90	−2.15	0.056	0.22	15.65
TH12118	风化壳	中含水	0.02	0.22	0.67	0.57	0.81	0.78	0.025	0.53	20.46
T443	断　控	高含水	0.03	0.03	0.42	0.34	0.93	0.64	0.015	2.35	21.65
TH12402	暗　河	高含水	0.01	0.09	0.54	0.48	0.91	0.57	0.045	1.03	21.86
T443	断　控	中含水	0.04	0.02	0.48	0.34	0.94	0.20	0.086	1.10	23.16
S23	风化壳	低含水	0.02		0.47	0.37	0.92	0.96	0.060	5.13	23.33
TH12515	断　控	中含水	0.02	0.13	0.55	0.39	0.83	0.46	0.086	0.11	27.03
T7-444	断　控	中含水	0.03	0.00	0.47	0.28	0.92	0.45	0.043	0.87	27.78

如图 6-21 所示,低分井水驱缝洞动用程度在 42%～67% 之间,而注水效果较好的油井平均动用程度为 52%,可见低评分井与注水效果较好井的缝洞动用程度差距不大,这说明低分井注水效果较差并非是缝洞动用程度导致。

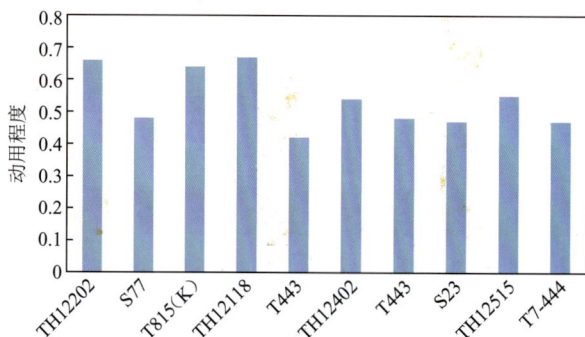

图 6-21　水驱缝洞动用程度分析图

如图 6-22 所示,低分井缝洞体积波及系数在 28%～57% 之间,而注水效果较好的油井平均波及系数为 41%,可见低评分井与注水效果较好井的波及系数差距不大,这说明低分井注水效果较差并非是缝洞体积波及系数导致。

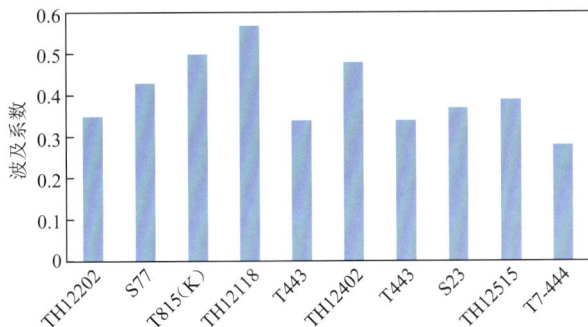

图 6-22　缝洞体积波及系数分析图

如图 6-23 所示,根据含水上升率可知,多数含水上升率在 50% 左右。注水效果最好的井,缝洞含水上升率仅有 5.1%,多数注水存留在缝洞体内,对剩余油形成了有效的驱替效果。注水效果较差的井,缝洞含水上升率接近 90%。这说明评分较差的井并非由缝洞体积波及系数与动用程度导致,而是因注水形成无效水窜从而使得油井见水导致。

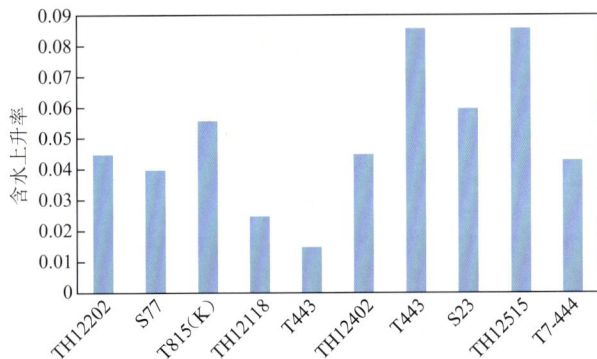

图 6-23　含水上升率分析图

通过以上分析得出综合评分低的原因为低分井组水驱动用程度可能处于正常水平,但波及程度均不高,低于平均水平,后期水驱开发中应着重提高波及程度,提高注入水的有效性;低分井组含水上升率普遍较高,说明注水后产水速度普遍较快,水驱效果差,稳产能力差。

6.3.6　指标评分分布

基于指标界限分布,通过指标三级隶属度关系,综合确定每个指标的分布状况。同时采用雷达图研究指标均匀性分布状况。三级关系计算技术路线如图 6-24 所示。

注水井组整体分布雷达图如图 6-25 所示。单井注水后,含水上升快,产油能力普遍较低;注水后产油能力提升,但仍普遍存在单井采出程度低、增油效益差的问题。

1）风化壳指标评分

基于各个指标的隶属雷达分布,确定风化壳岩溶下注水井组在不同含水阶段(低含水阶段、中含水阶段、高含水阶段)的评价指标分布差异性,进而明确风化壳岩溶背景下不同阶段的水驱效果短板。

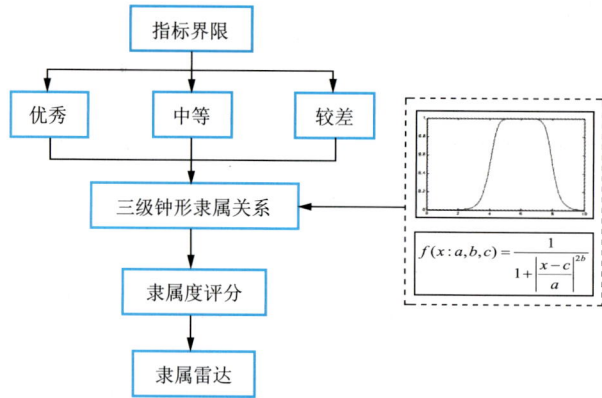

图 6-24　三级关系技术路线

$$f(x:a,b,c)=\frac{1}{1+\left|\frac{x-c}{a}\right|^{2b}}$$

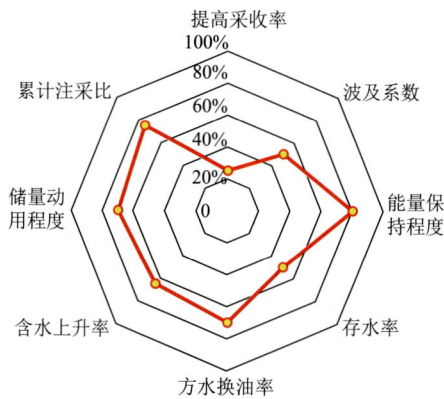

图 6-25　注水井分布雷达图

如图 6-26 所示,通过风化壳注水井分布图可知,处于低含水阶段和中含水阶段的风化壳岩溶注水井组的缺点主要是井网不完善,处于高含水阶段的风化壳岩溶注水井组的缺点主要是增油效果较差;风化壳岩溶整个注水阶段增油效果整体较差,提高采收率与方水换油率指标均处于较低水平;风化壳岩溶井网完善程度较低,注入水波及范围较小,储量动用程度较低;但风化壳岩溶注采平衡状况较好,能量保持程度以及累积注采比较高。

2）暗河指标评分

基于各个指标的隶属雷达分布,确定暗河岩溶下注水井组在不同含水阶段(低含水阶段、中含水阶段、高含水阶段)的评价指标分布差异性,进而明确暗河岩溶条件下不同阶段的水驱效果短板。

如图 6-27 所示,通过暗河注水井分布情况可知,处于低含水阶段的暗河岩溶注水井组的缺点主要是存在井网不完善、含水上升率过快的问题,处于中含水阶段的暗河岩溶注水井组的缺点主要是存在井网不完善、注水利用率低的现象,处于高含水阶段的暗河岩溶注水井组的缺点主要是存在增油效果较差的问题;暗河岩溶整个注水阶段增油效果整体较差,提高采收率与方水换油率指标均处于较低水平;暗河岩溶井网完善程度较低,注入水波及范围较小,储量动用程度较低;但暗河岩溶注采平衡状况较好,能量保持程度以及累积注采比较高。

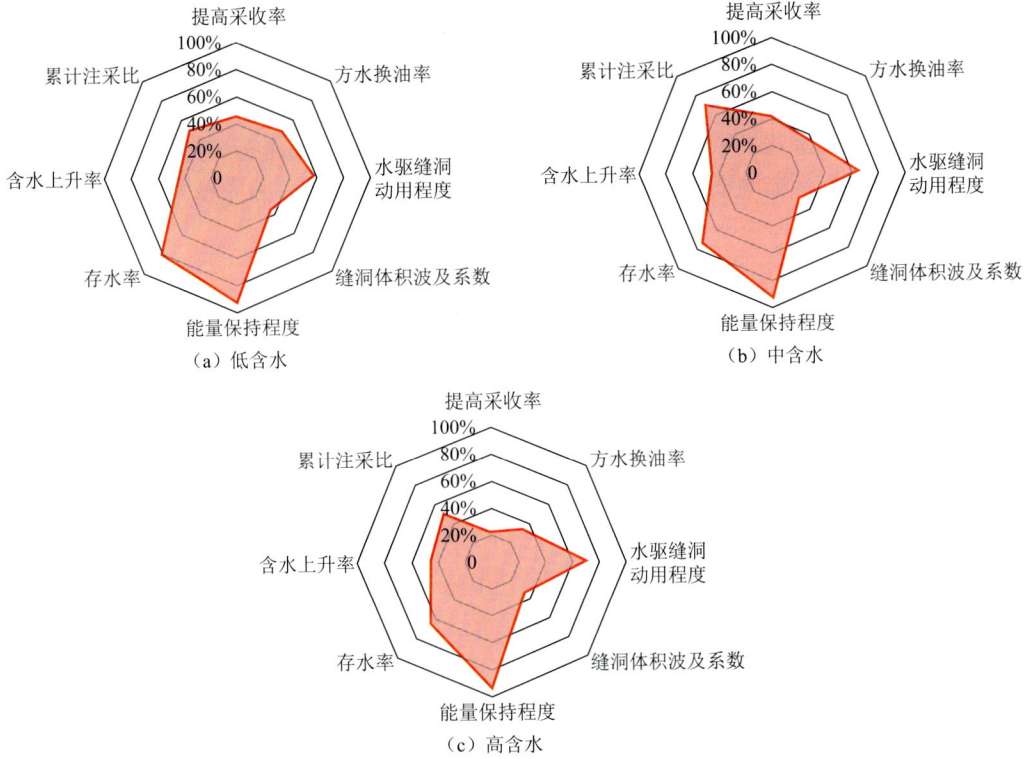

图 6-26　风化壳注水井分布图

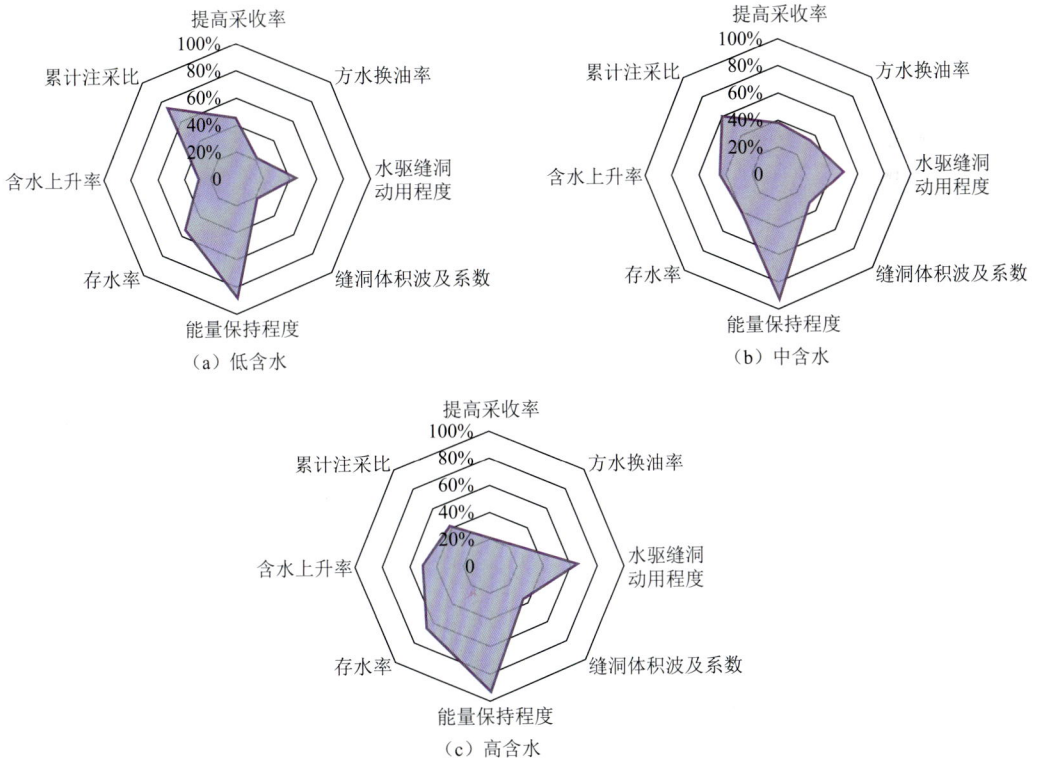

图 6-27　暗河注水井分布图

3）断控指标评分

基于各个指标的隶属雷达分布,确定暗河岩溶下注水井组在不同含水阶段(低含水阶段、中含水阶段、高含水阶段)的评价指标分布差异性,进而明确暗河岩溶条件下不同阶段的水驱效果短板。

如图 6-28 所示,通过断控注水井分布图可知,处于低含水阶段的断控岩溶注水井组的缺点主要是存在井网不完善、含水上升率过快的问题,处于中含水阶段的断控岩溶注水井组的缺点主要是存在井网不完善的问题,处于高含水阶段的暗河岩溶注水井组的缺点主要是存在增油效果较差、含水上升过快的问题;断控岩溶整个注水阶段增油效果整体较差,提高采收率与方水换油率指标均处于较低水平;断控岩溶井网完善程度较低,注入水波及范围较小,储量动用程度较低;但断控岩溶注采平衡状况较好,能量保持程度以及累积注采比较高。

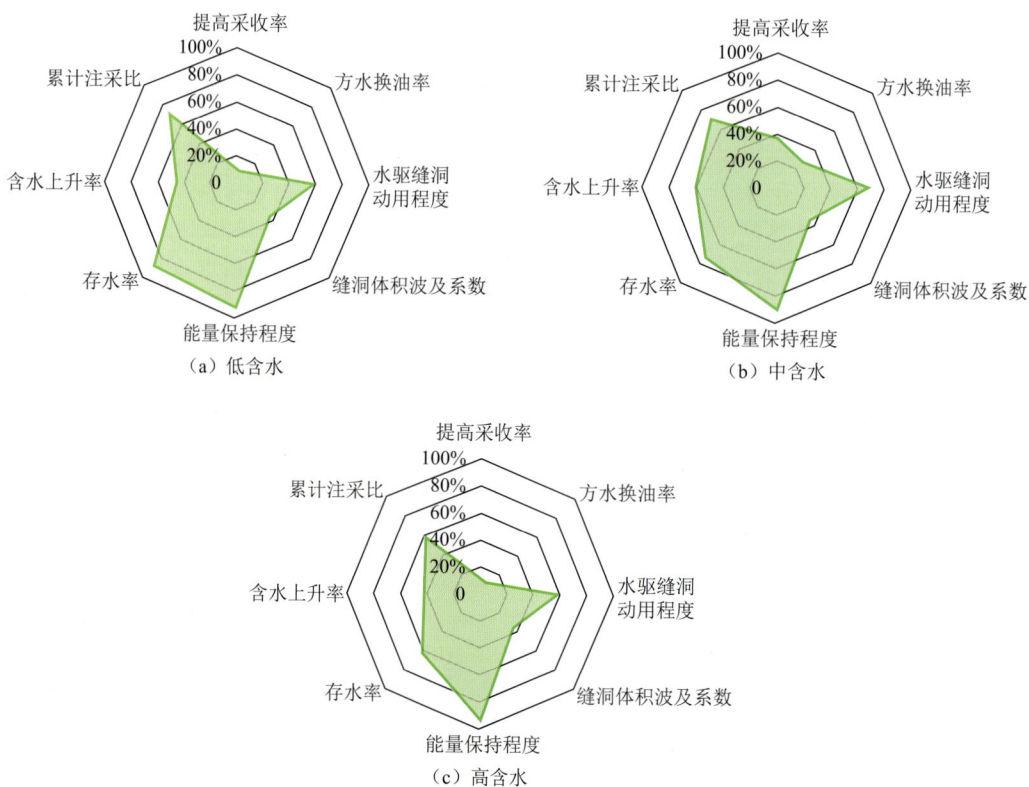

图 6-28　断控注水井分布图

参 考 文 献

[1] 王凤刚,史长林,尹彦君,等.复杂碳酸盐岩油藏水窜类型系统诊断及对策[J].长江大学学报(自然科学版),2019,16(7):4,50-55.

[2] 刘承婷,刘钢,李家丞.基于 Fluent 与 Hernandez 模型的缝洞型油藏水驱油机理及影响因素分析[J].南京理工大学学报,2019,43(3):367-372.

[3] 刘洪光.缝洞型碳酸盐岩油藏注水开发水平分级标准初探[J].新疆石油天然气,2019,15(2):3,44-48.

[4] 唐志春.某碳酸盐岩油藏单井注水替油参数优化研究[J].清洗世界,2019,35(5):19-20.

[5] 魏亮,蒋伟娜,苏海洋.中东地区大型碳酸盐岩油藏水驱效率影响因素研究[J].石化技术,2019,26(5):170-171.

[6] 孙亮,李保柱,李勇,等.中东地区孔隙型碳酸盐岩油藏水平井水淹模式[J].科学技术与工程,2019,19(14):136-145.

[7] 汪涛涛.塔河缝洞型油藏高压注水技术政策分析方法及应用[D].武汉:长江大学,2019.

[8] 陈晨,乔良,王文刚,等.超低渗透油藏周期注水开发技术政策优化研究[J].石油化工应用,2019,38(3):46-48,73.

[9] 郑松青,杨敏,康志江,等.塔河油田缝洞型碳酸盐岩油藏水驱后剩余油分布主控因素与提高采收率途径[J].石油勘探与开发,2019,46(4):746-754.

[10] 张孙玄琦,张海明.碳酸盐岩油气藏注水开发技术分析[J].化工设计通讯,2018,44(11):66.

[11] 程晓军.塔河油田缝洞型油藏水驱后气驱提高采收率可视化实验[J].新疆石油地质,2018,39(4):473-479.

[12] 宋兆杰,杨柳,侯吉瑞,等.缝洞型油藏裂缝内油水两相流动特征研究[J].西安石油大学学报(自然科学版),2018,33(4):49-54.

[13] 周丹苹,房柳杉.塔河油田缝洞型油藏周期注水开发技术[J].云南化工,2018,45(5):172.

[14] 汪勇.缝洞型碳酸盐岩油藏油-水、油-气两相流动规律研究[D].北京:中国石油大学(北京),2018.

[15] 庞明越.塔河 S80 缝洞型碳酸盐岩油藏水驱规律物理模拟实验研究[D].成都:西南

石油大学,2018.

[16] 周于皓.缝洞型油藏水驱波及效率研究[D].北京:中国石油大学(北京),2018.

[17] 田亮,李佳玲,袁飞宇,等.塔河油田碳酸盐岩缝洞型油藏定量化注水技术研究[J].石油地质与工程,2018,32(2):86-89,124-125.

[18] 史兴旺,杨正明,段小浪,等.低渗透碳酸盐岩油藏水驱油相似理论研究[J].油气地质与采收率,2018,25(1):82-89.

[19] 雷雨.塔河4区碳酸盐岩缝洞型油藏注水开发效果评价研究[D].成都:西南石油大学,2017.

[20] 石秀秀,杨荣荣.改善低渗透碳酸盐岩油藏注水开发效果的技术及应用[J].化工设计通讯,2017,43(11):255.

[21] 谭柱,李保柱,李勇.缝洞型油藏单元注水开发水淹风险评价方法[J].成都:西安石油大学学报(自然科学版),2017,32(5):68-72.

[22] 陈思,刘志良,周登洪,等.哈拉哈塘缝洞型油藏单元注水开发规律研究[C]//2017油气田勘探与开发国际会议(IFEDC2017)论文集,2017:1928-1935.

[23] 鲁新便,荣元帅,李小波,等.碳酸盐岩缝洞型油藏注采井网构建及开发意义——以塔河油田为例[J].石油与天然气地质,2017,38(4):658-664.

[24] 史兴旺,杨正明,张亚蒲,等.中东低渗透碳酸盐岩油藏多层水驱物理模拟[J].中国科技论文,2017,12(15):1740-1744.

[25] 郑松青,刘中春,邱露.塔河油田缝洞型油藏注入水利用状况评价[J].新疆石油地质,2017,38(4):452-454.

[26] 黄勇.特高含水油田调驱结合精细水驱提高采收率技术研究[D].青岛:中国石油大学(华东),2017.

[27] 谢昊君.考虑充填介质的缝洞型油藏剩余油形成机理研究[D].青岛:中国石油大学(华东),2017.

[28] 丁英展,刘强,赵诗.塔河油田十区北缝洞型油藏单元注水效果分析[J].新疆石油天然气,2017,13(1):6,82-85.

[29] 刘晓蕾,朱光亚,熊海龙,等.注入水性质对中东地区碳酸盐岩油藏驱油效果的影响[J].油气地质与采收率,2017,24(2):116-120.

[30] 吴秀美,侯吉瑞,郑泽宇,等.缝洞型碳酸盐岩油藏底水对后续注水注气开发的影响[J].油气地质与采收率,2016,23(5):111-115.

[31] 刘晓蕾,朱光亚,熊海龙,等.中东碳酸盐岩油藏孔隙结构对驱油效果的影响[J].科学技术与工程,2017,17(1):182-186.

[32] 侯建锋,王友净,胡亚斐,等.特低渗透油藏动态缝作用下的合理注水技术政策[J].新疆石油天然气,2016,12(3):19-24,1-2.

[33] 熊陈微,林承焰,任丽华,等.缝洞型油藏剩余油分布模式及挖潜对策[J].特种油气藏,2016,23(6):97-101,146.

[34] 苑登御,侯吉瑞,王志兴,等.塔河油田碳酸盐岩缝洞型油藏注氮气及注泡沫提高采收率研究[J].地质与勘探,2016,52(4):791-798.

[35] 窦之林,张烈辉,鲁新便,等.碳酸盐岩缝洞型油藏注水开发研究[J].科技资讯,

2016,14(5):166-167.

[36] 朱轶,程汉列,王连山,等.缝洞型碳酸盐岩注水替油选井试井方法研究[J].油气井测试,2016,25(3):4-6＋11,75.

[37] 窦之林,张烈辉,鲁新便,等.缝洞型碳酸盐岩油藏注水开发研究[J].科技创新导报,2016,13(4):165-166.

[38] 杨阳.缝洞型油藏水驱机理及注水开发模式研究[D].北京:中国石油大学(北京),2016.

[39] 李刚柱.缝洞型油藏注水开采机理研究[D].青岛:中国石油大学(华东),2016.

[40] 杨强.塔河6-7区缝洞型碳酸盐岩油藏注水开发规律物理模拟研究[D].成都:西南石油大学,2016.

[41] 薛江龙,刘应飞,朱文平.碳酸盐岩油藏注水开发方式研究[J].重庆科技学院学报(自然科学版),2016,18(1):43-45.

[42] 黄兴,李天太,杨沾宏,等.孔洞型碳酸盐岩油藏不同开发方式物理模拟研究[J].断块油气田,2016,23(1):81-85.

[43] 郭宇,张天宇,刘哲,等.裂缝性碳酸盐岩油藏脉冲注水研究[J].石油化工应用,2016,35(1):41-43,50.

[44] 杨智刚,张宸恺,阿布都艾尼,等.水驱油田影响采油速度的因素[J].新疆石油地质,2015,36(5):588-591.

[45] 罗娟,吴锋,龙喜彬.塔河油田缝洞型油藏含水变化预测模型研究[J].石油地质与工程,2015,29(5):87-89,93,148.

[46] 王建海,焦保雷,曾文广,等.塔河缝洞型油藏水驱后期开发方式研究[J].特种油气藏,2015,22(5):125-128,157.

[47] 张莉,张行典,卢智慧.碳酸盐岩缝洞型油藏注水实践与认识[J].石化技术,2015,22(6):225,211.

[48] 李刚柱,吕爱民,谢昊君,等.塔河缝洞型油藏缝洞单元注水开发模式[J].内蒙古石油化工,2015,41(10):14-16.

[49] 李溢龙,吴锋,杨强,等.缝洞型碳酸盐岩油藏注水开发研究[J].石油化工应用,2015,34(5):32-35.

[50] 崔亚,李满亮.缝洞型油藏周期注水的认识与实践——以塔河A区为例[J].西部探矿工程,2015,27(5):41-44.

[51] 马旭,陈小凡,易虎.缝洞型碳酸盐岩油藏注水替油井水驱特征曲线多样性与生产动态关系[J].油气藏评价与开发,2015,5(1):34-38,43.

[52] 任文博.塔河油田奥陶系油藏注水失效井综合治理研究[D].成都:西南石油大学,2014.

[53] 胡广杰.塔河油田缝洞型油藏周期注水开发技术政策研究[J].新疆石油地质,2014,35(1):59-62.

[54] 任文博,陈小凡.缝洞型碳酸盐岩油藏非对称不稳定注水研究[J].科学技术与工程,2013,13(27):8120-8125.

[55] 李新华,荣元帅.塔河油田缝洞型碳酸盐岩油藏合理注采井网优化研究[J].钻采工

艺,2013,36(5):47-51,13.

[56] 荣元帅,李新华,刘学利,等.塔河油田碳酸盐岩缝洞型油藏多井缝洞单元注水开发模式[J].油气地质与采收率,2013,20(2):58-61,115.

[57] 肖阳,蔡振忠,江同文,等.缝洞型碳酸盐岩油藏水驱特征曲线研究[J].西南石油大学学报(自然科学版),2012,34(6):87-93.

[58] 王敬,刘慧卿,徐杰,等.缝洞型油藏剩余油形成机制及分布规律[J].石油勘探与开发,2012,39(5):585-590.

[59] 詹俊阳,马旭杰,何长江.塔河油田缝洞型油藏开发模式及提高采收率[J].石油与天然气地质,2012,33(4):655-660.

[60] 张东.碳酸盐岩缝洞型油藏注采机理研究[D].青岛:中国石油大学(华东),2012.

[61] 许洪川.塔河油田12区奥陶系油藏注水开发研究[D].成都:成都理工大学,2012.

[62] 陈莹莹,孙雷,田同辉,等.裂缝性碳酸盐岩油藏可视化模型水驱油实验[J].断块油气田,2012,19(1):92-94.

[63] 谭中良,韩秀贞,海玉芝,等.塔河缝洞油藏驱油体系性能评价[J].石油与天然气化工,2011,40(3):219,271-274.

[64] 涂兴万.缝洞型碳酸盐岩底水油藏水锥风险条件综合评判[J].断块油气田,2011,18(3):383-385.

[65] 马旭杰,刘培亮,何长江.塔河油田缝洞型油藏注水开发模式[J].新疆石油地质,2011,32(1):63-65.

[66] 姚林君.GBEIBE油田油藏开发特征及提高采收率研究[D].成都:西南石油大学,2010.

[67] 闫长辉,王涛,陈青.缝洞型碳酸盐岩油藏水驱曲线多样性与生产特征关系——以塔河油田奥陶系碳酸盐岩油藏为例[J].物探化探计算技术,2010,32(3):247-253,220.

[68] 郑小敏,孙雷,王雷,等.缝洞型碳酸盐岩油藏水驱油机理物理模拟研究[J].西南石油大学学报(自然科学版),2010,32(2):89-92,201-202.

[69] 张德民,李国蓉,汤鸿伟,等.碳酸盐岩油藏井间连通性研究方法[J].内蒙古石油化工,2010,36(6):98-100.

[70] 吕国祥,张津,刘大伟,等.高含水油田提高水驱采收率技术的研究进展[J].钻采工艺,2010,33(2):55-57,139.

[71] 郑小敏,孙雷,王雷,等.缝洞型油藏大尺度可视化水驱油物理模拟实验及机理[J].地质科技情报,2010,29(2):77-81.

[72] 荣元帅,刘学利,杨敏.塔河油田碳酸盐岩缝洞型油藏多井缝洞单元注水开发方式[J].石油与天然气地质,2010,31(1):28-32.

[73] 李江龙,陈志海,高树生.缝洞型碳酸盐岩油藏水驱油微观实验模拟研究——以塔河油田为例[J].石油实验地质,2009,31(6):637-642.

[74] 郑小敏,孙雷,侯亚平,等.缝洞型碳酸盐岩油藏水驱油物理模型对比实验研究[J].重庆科技学院学报(自然科学版),2009,11(5):20-22,82.

[75] 杜箫笙.缝洞型碳酸盐岩油藏主体开发方式研究[D].北京:中国科学院研究生院

（渗流流体力学研究所），2009.

[76]　江喻.碳酸盐岩缝洞型油藏水驱特征研究[D].成都：成都理工大学，2009.

[77]　李俊，彭彩珍，王雷，等.缝洞型碳酸盐岩油藏水驱油机理模拟实验研究[J].天然气勘探与开发，2008，31(4)：41-44，84.

[78]　修乃岭，熊伟，高树生，等.缝洞型碳酸盐岩油藏水动力学模拟研究[J].特种油气藏，2007(5)：49-51，107-108.

[79]　吕爱民.碳酸盐岩缝洞型油藏油藏工程方法研究[D].青岛：中国石油大学（华东），2007.

[80]　李建兵.塔河油田奥陶系缝洞油藏注水开发研究[D].成都：成都理工大学，2007.

[81]　李俊，孙雷，王永兰，等.裂缝-溶洞型碳酸盐岩水驱油机理研究现状[J].内蒙古石油化工，2007(1)：72-73.

[82]　赵文革.塔河油田碳酸盐岩缝洞油藏油水关系研究[D].成都：成都理工大学，2006.

[83]　康志宏.缝洞型碳酸盐岩油藏水驱油机理模拟试验研究[J].中国西部油气地质，2006(1)：87-90.

[84]　申友青，田平.碳酸盐岩油藏改善注水开发效果试验研究[J].油气采收率技术，1994(2)：45-52，67.

[85]　RANGEL E R，KOVSCEK A R. Experimental and analytical study of multidimensional imbibition in fractured porous media[J]. Journal of Petroleum Science & Engineering，2002，36(1-2)：45-60.

[86]　刘学利，翟晓先，杨坚，等.塔河油田缝-洞型碳酸盐岩油藏等效数值模拟[J].新疆石油地质，2006(1)：76-78.

[87]　刘鹏飞，姜汉桥，王长，等.水平井注水开发碳酸盐油藏实践[J].科技导报，2009，27(5)：65-69.

[88]　程倩，熊伟，高树生，等.单缝洞系统弹性开采的试验研究[J].石油钻探技术，2009，37(3)：88-90.

[89]　李鹏，李允.缝洞型碳酸盐岩孤立溶洞注水替油实验研究[J].西南石油大学学报（自然科学版），2010，32(1)：117-120.

[90]　王殿生.缝洞型介质流动机理实验与数值模拟研究[D].青岛：中国石油大学（华东），2009.

[91]　郑小敏，孙雷，孙良田，等.对流扩散理论在缝洞型油藏水驱油物理模拟实验中的应用研究[C]//2009年油气藏地质及开发工程国家重点实验室第五次国际学术会议，2009.

[92]　卢占国，姚军，王殿生，等.正交裂缝网络中渗流特征实验研究[J].煤炭学报，2010(4)：555-558.

[93]　王雷，窦之林，林涛，等.缝洞型油藏注水驱油可视化物理模拟研究[J].西南石油大学学报（自然科学版），2011，33(2)：121-124.

[94]　丁观世，侯吉瑞，李巍，等.缝洞型碳酸盐岩油藏可视化物理模型底水驱替研究[J].科学技术与工程，2012(31)：68-73.

[95]　荣元帅，赵金洲，鲁新便，等.碳酸盐岩缝洞型油藏剩余油分布模式及挖潜对策[J].

石油学报,2014,35(6):1138-1146.

[96] 彭松,郭平.缝洞型碳酸盐岩凝析气藏注水开发物理模拟研究[J].石油实验地质, 2014,36(5):645-649.

[97] 李立峰.缝洞型碳酸盐岩油藏注水机理研究[D].青岛:中国石油大学(华东),2010.

[98] WIJESINGHE A M,CULHAM W E. Single-Well Pressure Testing Solutions for Naturally Fractured Reservoirs With Arbitrary Fracture Connectivity[C]. Society of Petroleum Engineers,1984.

[99] LEUNG W F. A general purpose single-phase naturally fractured (carbonate) reservoir simulator with rigorous treatment of rock-stress/fluid-pressure interactions and Interporosity flow[J]. SPE 13528,1985:327-336.

[100] 张烈辉,李允.裂缝性油藏水平井数值模拟的进展和展望[J].西南石油大学学报 (自然科学版),1997,19(4):48-52.

[101] DAUBA C,HAMON G,QUINTARD M,et al. Stochastic description of experimental 3D permeability fields in vuggy reservoir cores[J]. Paper SCA,1998,28.

[102] MOCTEZUMA-BERTHIER A,VIZIKA O,THOVERT J F,et al. One- and Two-Phase Permeabilities of Vugular Porous Media[J]. Transport in Porous Media, 2004,56(2):225-244.

[103] RIVAS-GOMEZ S,GONZALEZ-GUEVARA J A,CRUZ-HERNANDEZ J,et al. Numerical Simulation of oil displacement by water in a vuggy fractured porous medium[C]. Society of Petroleum Engineers,2001.

[104] FOURAR M,LENORMAND R . A new model for two-phase flows at high velocities through porous media and fractures[J]. Journal of Petroleum ence & Engineering,2001,30(2):121-127.

[105] 彭小龙,杜志敏.大裂缝底水气藏渗流模型及数值模拟[J].天然气工业,2004(11):116-119.

[106] 彭小龙,刘学利,杜志敏.缝洞双重介质数值模型及渗流特征研究[J].西南石油大学学报(自然科学版),2009,31(1):61-64,187-188.

[107] 姚军,黄朝琴,王子胜,等.缝洞型油藏的离散缝洞网络流动数学模型[J].石油学报,2010,31(5):815-819.

[108] 张冬丽,李江龙,杜文军,等.缝洞型油藏三重介质油水两相流数值试井解释方法[J].水动力学研究与进展 A 辑,2010,25(4):429-437.

[109] 王月英,姚军,黄朝琴.缝洞型碳酸盐岩储集层离散介质模型的建模方法[J].新疆石油地质,2012(2):225-229.

[110] 李隆新.多尺度碳酸盐岩缝洞型油藏数值模拟方法研究[D].成都:西南石油大学,2013.

[111] 林兴.潜山缝洞型碳酸盐岩油藏数值模拟方法研究[D].成都:西南石油大学,2014.

[112] 康志江,赵艳艳,张允,等.缝洞型碳酸盐岩油藏数值模拟技术与应用[J].石油与天然气地质,2014,35(6):944-949.

[113] 杨文东.基于有限体积法的缝洞型油藏数值模拟研究[D].成都:西南石油大

学,2017.

[114] 巴伊谢夫,岑科娃,陈文华.有效控制开发的实例[J].石油勘探开发情报,1990(2):
41-45.

[115] 王世洁.基于真实岩芯刻蚀模型的缝洞油藏水驱油机理[J].西南石油大学学报(自然科学版),2011,33(6):75-79.

[116] 姜瑞忠,刘小波,王海江,等.指标综合筛选方法在高含水油田开发效果评价中的应用——以埕东油田为例[J].油气地质与采收率,2008,15(2):99-101.

[117] 罗银富.低渗透砂岩油藏水驱开发效果评价指标与方法研究[D].成都:西南石油大学,2005.

[118] 周红,国梁,杨湖川.大王北油田大48井区储层建模研究[J].新疆石油天然气,2006(2):40-44.

[119] 支继强.鄯善油田高含水期水驱开发效果评价[D].大庆:东北石油大学,2009.

[120] 冯其红,刘廷廷,杨山,等.大斜度井出水类型研究[J].石油钻采工艺,2008,30(1):89-94.

[121] 苑保国.水驱油田特高含水期开发效果评价体系[J].大庆石油地质与开发,2009,28(2):53-58.

[122] 代云鹏.辽河油区中高渗透油藏水驱开发效果评价研究[D].大庆:东北石油大学,2013.

[123] 汪子昊,李治平,赵志花.水平井产能影响因素综合分析[J].断块油气田,2009,16(3):58-61.

[124] GRAHAM J W,RICHARDSON J G. Theory and Application of Imbition Phenomena in Recovery of Oil[J]. Journal of Petroleum Technology,1959,11(2):65-69.

[125] BROWNSCOMBE E R,DYES A B. Water-imbibition Displacement-A Possibility for the Spraberry. Drill & Prod. Prac. API,1952,7(5):383-390.